工程软件职场应用实例精析丛书

Mastercam 2017

数控加工编程应用实例

主　编　马志国

参　编　陶圣霞

U0279833

机械工业出版社

本书主要介绍 Mastercam 2017 CAM 功能中生成刀具路径的要点和技巧，以提高读者在实际生产应用中的能力。全书共 7 章，内容基本上是企业生产实例，打破了传统的理论教学实例，并采用白话文语言和图文并茂的形式讲解，从简单的二维零件、三维零件、孔类零件、四轴零件、五轴零件到后处理，循序渐进，让读者充分领悟数控编程的工艺思路，达到事半功倍的效果。随书赠送多媒体光盘，包含书中所有实例模型的源文件、结果文件和视频文件，读者在学习过程中可以参考练习。

本书适合数控技术专业学生、技术人员，以及有 Mastercam 基础的读者自学，特别适合工厂中的技术人员和数控机床操作人员使用。

图书在版编目（CIP）数据

Mastercam 2017 数控加工编程应用实例/马志国主编．—北京：
机械工业出版社，2017.5（2022.1 重印）
（工程软件职场应用实例精析丛书）
ISBN 978-7-111-56622-9

Ⅰ．①M… Ⅱ．①马… Ⅲ．①数控机床—加工—计算机辅助设计—应用软件 Ⅳ．①TG659-39

中国版本图书馆 CIP 数据核字（2017）第 082407 号

机械工业出版社（北京市百万庄大街 22 号　邮政编码 100037）
策划编辑：周国萍　　责任编辑：周国萍
责任校对：潘　蕊　　封面设计：马精明
责任印制：单爱军
北京虎彩文化传播有限公司印刷
2022 年 1 月第 1 版第 8 次印刷
184mm×260mm·18.5 印张·438 千字
13 001—14 000 册
标准书号：ISBN 978-7-111-56622-9
　　　　　ISBN 978-7-89386-125-3（光盘）
定价：69.00 元（含 1DVD）

电话服务　　　　　　　　网络服务
客服电话：010-88361066　机 工 官 网：www.cmpbook.com
　　　　　010-88379833　机 工 官 博：weibo.com/cmp1952
　　　　　010-68326294　金 书 网：www.golden-book.com
封底无防伪标均为盗版　机工教育服务网：www.cmpedu.com

前　言

　　Mastercam 是一款功能强大的应用软件，几乎可以完成所有常规的简单和复杂形状零件的加工，因而在国内外已成为一款大众化的、用户量很大的 CAD/CAM 应用软件。

　　本书主要讲解 Mastercam 2017 的数控加工功能技巧及加工思路，以具体实例讲解各种形状零件的加工方法和思路，各种加工刀具路径的应用场合及 Mastercam 2017 软件的应用技巧。书中的某些加工思路，使用范围比较广泛，是作者应用 Mastercam 的经验总结，对于复杂零件加工，这些思路非常有效；书中大部分实例是作者在实际生产中的加工实例；书中的方法可以直接指导读者进行实际 CAM 加工。本书的重点在于应用，强调分析问题和解决问题的方法，讲解如何根据零件的形状特点，选择生成加工刀具路径的思路和方法，并对解决问题的多种方法进行了比较。

　　数控编程是一项实践性很强的技术，在编写本书时突出了技术精华的剖析和操作技巧及加工工艺思路，使读者深入理解 Mastercam 2017 编程的实用精髓，达到举一反三的效果，书中实例未注明尺寸单位的默认为 mm。

　　本书主要特色：

　　1. 由浅入深。从二维、三维、四轴、五轴到后处理，循序渐进地讲解。

　　2. 实用性强。本书所介绍的实例来自于企业生产，能够让读者掌握实际操作技巧，真正把 CAM 应用到实际生产中。

　　3. 讲解详尽。本书对每个实例进行加工任务的详细讲解，并配以图片、参数设置，使读者逐步加深对加工编程的理解。

　　4. 技术含金量高。本书讲解的实例基本上属于市场上典型的企业实例，包含 3~5 轴的加工工艺思路，以及最后的后处理，加工思路清晰。

　　5. 多媒体示范。赠送的光盘包含了本书所有实例的源文件、结果文件和视频文件，读者在学习过程中可以参考练习。读者对书和讲解视频有任何疑问可通过联系 QQ 号码 1075159118 获得解答；读者专用 QQ 讨论群 607709163，定期在线直播答疑。

　　本书适合 Mastercam 用户迅速掌握和全面提高使用技能，对数控技术应用专业学生具有参考价值，特别适合工厂中的技术人员和数控机床操作人员使用。

　　本书在编写的过程中，得到了很多朋友的帮忙与指点，在此表示感谢。本书由马志国主编，陶圣霞参编，陶圣霞参与第 7 章后处理的编写，其余由马志国编写。由于编者水平有限，虽再三校对，书中难免有错误之处，恳请读者和前辈们批评指正，不胜感谢！

编　者

目　　录

第 1 章

Mastercam 2017 的界面及应用要点

内 容

本章将介绍 Mastercam 2017 软件操作界面、工具条、图层的运用、快捷键的定义、加工基本操作要点、数控系统通信操作步骤、刀具和加工模板的建立等。

目 的

通过本章的学习，使读者对 Mastercam 2017 有一个总体的认识，掌握 Mastercam 2017 常用的功能、快捷键的使用、数控加工的一般流程以及加工模板、刀库的建立。

1.1 Mastercam 2017 软件操作界面以及工具条

Mastercam 2017 软件操作界面如图 1-1 所示，功能集中存放不需要查找菜单，合理的布局方便找到需要命令，完全可以自定义功能区。

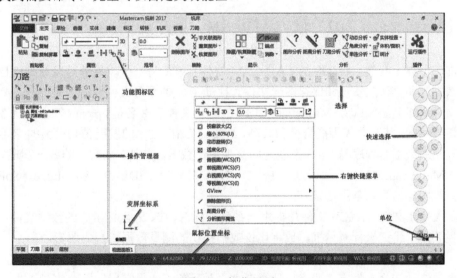

图 1-1 操作界面

（1）功能图标区　包括文件、主页、草绘、曲面、实体、建模、标注、机床、视图等，其风格和新版 Microsoft office 界面一样，使用快捷、方便、灵活，如图 1-2 所示。

图 1-2　功能图标区

（2）操作管理器　用于对执行的操作进行管理。操作管理会记录大部分操作，可以在其中对操作进行重新编辑定义，例如通过操作管理器可以对实体、刀路、平面、图层等进行管理和编辑等，如图 1-3 所示。

（3）选择　可以在整个图形或现有选择集的范围内来选择，通过选择抓取方式，设置光标特性以及实体的线面来快速选择。

（4）快速选择　与传统选择相比，对象选择管理器可以提供更复杂的过滤选项，通过过滤点、线、面、实体的特性进行过滤。

（5）右键快捷菜单　在绘图区单击鼠标右键，可以弹出右键菜单，该菜单中主要包含绘图过程中常用的一些命令。

（6）单位　在绘图区的右下角，用于显示当前的绘图单位，当显示 mm 时表示米制单位，当显示 inch 时表示英制单位。

（7）鼠标位置坐标　当在绘图区中移动鼠标时，系统瞬间在当前构图面中显示光标位置坐标。

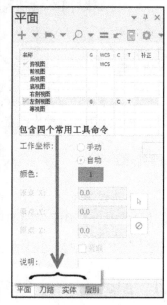

图 1-3　操作管理器

（8）荧屏坐标系　坐标轴图标在绘图区左下角，用于显示当前视图的坐标方向。

1.2　Mastercam 2017 输入与输出模型方法

目前，世界上有数十种著名的 CAD/CAM 软件系统，每一个软件的开发商都以自己的小型几何数据库和算法来管理和保存图形文件。比如 UG 的图形文件后缀名是 *.prt，AutoCAD 的图形文件后缀名是 *.dwg，Mastercam 2017 的图形文件后缀名是 *.mcam 等。这些图形文件的保存格式不同，相互之间不能交换和共享，给我们 CAD 技术的发展带来很大的障碍。为此，人们研究出高级语言程序与 CAD 系统之间交换图形数据，实现产品数据的统一管理。通过数据接口，Mastercam 2017 软件可以与 Pro/E、UG、CATIA、IDEAS、SolidEdge、SolidWorks 等软件共享图形信息。常用格式有：

（1）ASCII 文件　ASCII 文件是指用一系列点的 X、Y、Z 坐标组成的数据文件。这种转换文件主要用于将三坐标测量机、数字化仪或扫描仪的测量数据转换成图形。

（2）STEP 文件　STEP 是一个包含一系列应用协议的 ISO 标准格式，可以描述实体、曲面和线框。这种转换文件定义严谨、种类庞大，是目前工业界常用的标准数据格式。

（3）Autodesk 文件　Autodesk 软件可以写出两种类型文件：DWG 文件和 DXF 文件，其中 DWG 文件是 Autodesk 软件存储图形的文件格式，DXF 文件是一种图形交换标准。主要作为与 AutoCAD 和其他 CAD 系统必备的图形交换接口。

（4）IGES 文件　IGES 文件格式是美国提出的初始化图形交换标准，是目前使用最广泛的图形交换格式之一。IGES 格式支持点、线、曲面及一些实体的表达，通过该接口可以与市场上几乎所有的 CAD/CAM 共享图形信息。

（5）Parasld 文件　Parasld 文件格式是一种新的实体核心技术模块，因此越来越多的 CAD 软件都采用这种技术，例如 Pro/E、SolidWorks、NX、CATIA 等，一般情况用于实体模型转换。

（6）STL 文件　STL 文件格式是在三维多层扫描中利用的一种 3D 网格数据格式，常用于快速成型（PR）系统中，也可用于数据浏览和分析中。Mastercam 2017 还提供了一个功能，就是可以通过 STL 文件直接生成刀具路径。

（7）SolidWorks、NX、Pro/E 文件　Mastercam 2017 可以直接读取 SolidWorks、NX、Pro/E 文件。这种接口可以保证软件图形之间的无缝转换。

1. 图形输入

打开 Mastercam 2017 软件系统，选择"打开"命令，输入 SolidWorks 模型文件，如图 1-4 所示；完成 SolidWorks 模型输入，如图 1-5 所示；或直接把文件拖到 MC 绘图区。

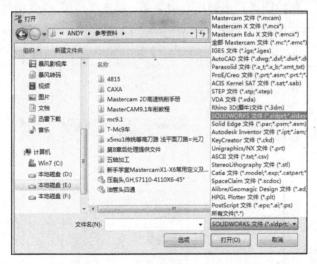

图 1-4　输入 SolidWorks 模型文件　　　　　图 1-5　完成 SolidWorks 模型输入

2. 图形输出

打开 Mastercam 2017 软件系统，打开图形文件，选择"文件"→"另存为"，保存所需的文件格式。

1.3　Mastercam 2017 图层的运用

从早期版本大家都知道图层的运用，使用快捷键 ALT+Z，弹出"图层"对话框，在

Mastercam 2017 软件中层别管理器已经被移动到跟刀路管理器一个操作管理器里面了，如需单独把图层拿出来使用，只需按住左键，把层别给拖出来就可以了，如图 1-6 所示。

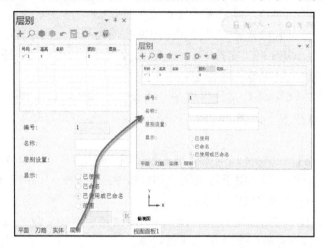

图 1-6　拖出层别

在"图层编号"对话框可以新建图层，在已建好的图层单击右键（简称 "右击"）弹出对话框，读者可以对图层整体进行移动或者复制，如图 1-7 所示。

若要想移动或者复制图层里的图素，在绘图区右击弹出右键菜单，单击" 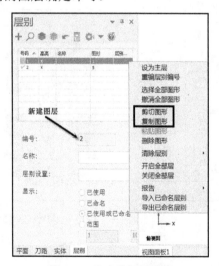 "改变图层图标，选择需要改变的图素，单击 按钮确定，弹出"更改层别"对话框，如图 1-8 所示，选择所需的图层确定即可。

图 1-7　移动或复制图层

图 1-8　"更改层别"对话框

1.4　Mastercam 2017 快捷键的使用技巧

打开 Mastercam 2017 软件，按键盘"F10"键或"ALT"键，菜单会出现相应的快捷键代码，如图 1-9 所示。

图 1-9　快捷键代码

Mastercam 2017 系统默认常用功能快捷键见表 1-1。在自定义功能区，读者也可根据工作习惯，定义快捷键以 Ctrl 或 Alt 及 Shift 进行设置（图 1-10）；想要单独设置字母为快捷键，就需要设置安装盘：\my mcam2017\CONFIG 下的 "mastercam.kmp" 文件，如图 1-11 所示。

表 1-1　常用功能快捷键

图标/功能	快 捷 键	图标/功能	快 捷 键
视窗放大	F1	自动保存	Alt+A
缩小 50%	F2	C-Hook	Alt+C
刷新	F3	系统配置	Alt+F8
分析	F4	参考图形属性	Alt+X
删除图素	F5	缩放 5%	Page up/down
剪切到剪贴板	Ctrl+X	缩小 80%	Alt+F2
粘贴	Ctrl+V	功能图标开关	Ctrl+F1
撤销	Ctrl+Z	全选	Ctrl+A
平移	Shift+鼠标中键	着色	Alt+S
屏幕适度化	Alt+F1	重新显示	Ctrl+Shift+R
俯视图	Alt+1	WCS/C/T 坐标轴	Alt+F9
前视图	Alt+2	显示隐藏坐标轴	F9
后视图	Alt+3	复制到剪贴板	Ctrl+C
底视图	Alt+4	刀路操作管理开关	Alt+O
右视图	Alt+5	平面操作管理开关	Alt+L
左视图	Alt+6	启用网格	Alt+G
等视图	Alt+7	标注自定义	Alt+D
先前视图	Alt+P	版本授权信息	Alt+V
隐藏图素	Alt+E	帮助	Alt+H
图层管理	Alt+Z	退出 Mastercam	Alt+F4

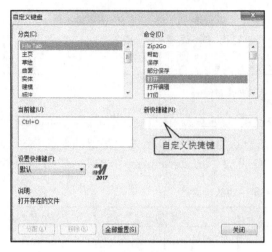

图 1-10　快捷键自定义

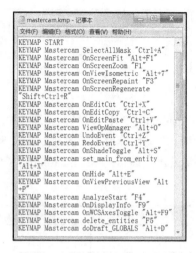

图 1-11　mastercam.kmp 文件

1.5　Mastercam 2017 基本操作要点

1.5.1　创建加工坐标系

打开 Mastercam 2017 软件系统，按键盘"F9"键，显示系统原始坐标系。坐标系原点在实体造型和产生刀具路径时非常重要，是整个实体造型中的参考点，也是在加工时刀具相对于工件的对刀点。该坐标系原点是固定不变的，一般可以作为机床坐标系原点，也就是我们所说的编程原点。按键盘"ALT"+"F9"键，同时显示"WCS""绘图平面""刀具平面"，如图 1-12 所示。

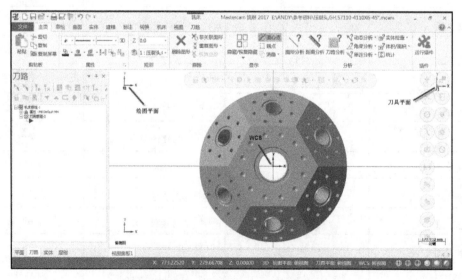

图 1-12　创建加工坐标系

读者也可以设定不同平面系统原点的坐标系作为编程原点，在操作管理器单击"平面"菜单，选择"➕"新建平面图标，根据选项新建坐标系，如图 1-13 所示。

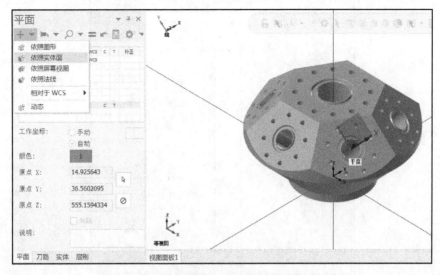

图 1-13 新建坐标系

设置当前 WCS 的绘图平面和刀具平面及原点为选择的平面，在新建平面后"G"字母对应的空格双击，视图平面立刻转为新建平面，如图 1-14 所示。一般在做多轴加工编程时需要新建刀具平面。

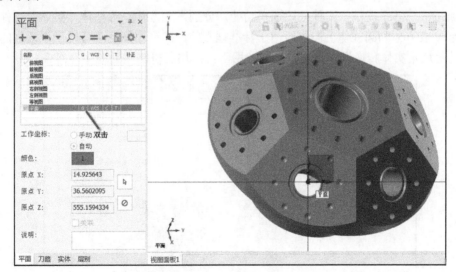

图 1-14 新建刀具平面

1.5.2 选择加工区域边界

首先选择所需的机床，然后选择加工区域边界。Mastercam 2017 提供了 2D 和 3D 选项，读者可以根据二维线框进行选择，也可以根据实体进行选择，如图 1-15 所示。具体的选择方法这里不做详细介绍。

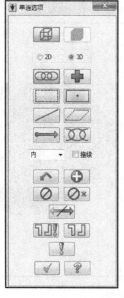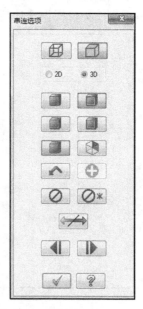

图 1-15　选择加工区域边界

1.5.3　创建毛坯

Mastercam 2017 提供了四种毛坯选择功能，分别是立方体、圆柱体、实体、文件，如图
1-16 所示。立方体和圆柱体毛坯一般用于标准规则的产品；实体毛坯可用于不规则的复杂产
品；文件毛坯是实体转换保存的文件格式，用于二次加工自定义毛坯文件格式。

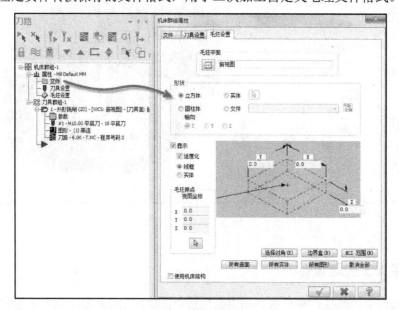

图 1-16　创建毛坯

1.5.4　创建刀具

选择"加工操作"→"加工边界",弹出加工界面,如图 1-17 所示。在空白处单击右键,选择"创建新刀具",选择所需刀具,按照步骤设置刀具参数,如图 1-18 所示。

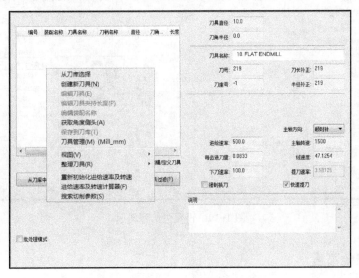

图 1-17　加工界面

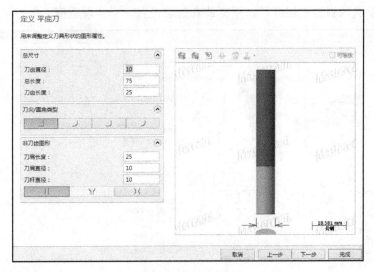

图 1-18　创建刀具

1.5.5　设置进给和转速

刀具选择完成后,在刀具操作界面,设置进给速率、主轴转速、下刀速率,分别指定 X、Y、Z 切削进给 F 值、转速 S 值、Z 轴下刀 F 值,如图 1-19 所示。

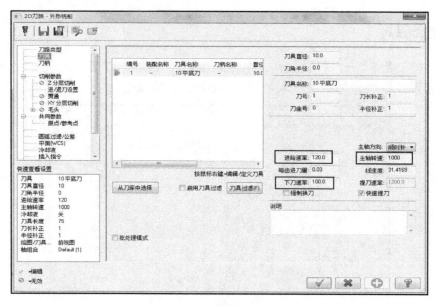

图 1-19　设置进给和转速

1.5.6　设置安全高度

在共同参数里面，分别设置安全高度、参考高度、下刀位置、工件表面、深度，如图 1-20 所示。安全高度选项强烈建议打开，根据读者需求设置一个合理数值。

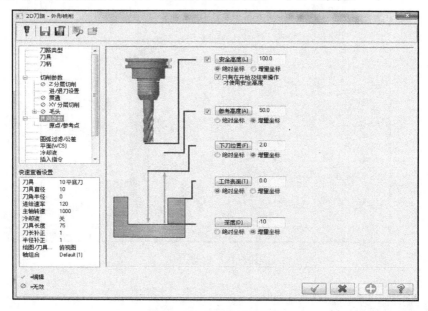

图 1-20　设置安全高度

1.5.7　设置切削参数

在切削参数里面，可以设置左右刀补、Z 分层切削、进/退刀设置、预留量等，根据产品要求读者可以设置相关参数，如图 1-21 所示。

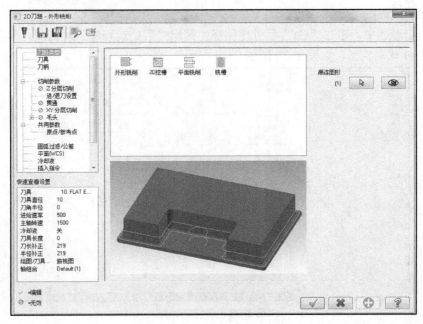

图 1-21　设置切削参数

1.5.8　切削仿真与碰撞检查

在操作管理器中，单击"　"实体验证图标，弹出实体仿真对话框，设置相关参数，进行模拟加工与碰撞检查等，如图 1-22 所示。

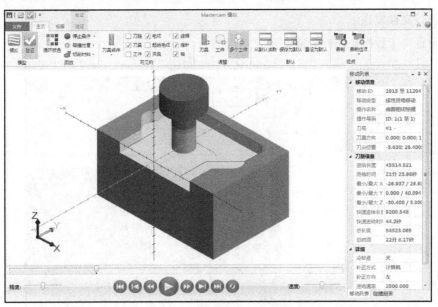

图 1-22　切削仿真与碰撞检查

1.5.9 后处理

在操作管理器中，单击"G1"后处理图标，弹出"后处理程序"对话框，单击" ✓ "按钮，生成 G 代码文件，如图 1-23 所示。

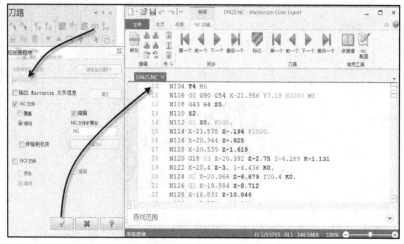

图 1-23　后处理生成

1.6　Mastercam 2017 数控系统通信操作步骤

Mastercam 2017 软件支持标准通信协议的 RS-232 串口通信，数据通信方式有窗口文件发送、DNC 在线加工，支持的数控系统类型有 FANUC 0i Mate TC/TB、FANUC 0i MD/MF 等。软件与机床数控系统的通信操作步骤如下。

1. 窗口文件发送

1）设置机床数控系统在等待文件发送状态。

2）按图 1-24 所示步骤在 CIMCO Edit v6.0 中，单击"Transmission"→"发送"→"确定"。

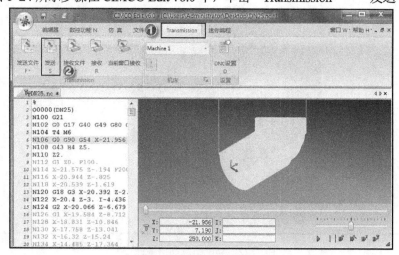

图 1-24　窗口文件发送

2. DNC 在线加工

1）设置机床数控系统在 DNC 模式等待数据发送。

2）设置等待 XOn。按图 1-25 所示步骤在 CIMCO Edit v6.0 中，单击"Transmission"→"DNC 设置"→"设置"→"发送"→"等待 XOn"→"确定"。

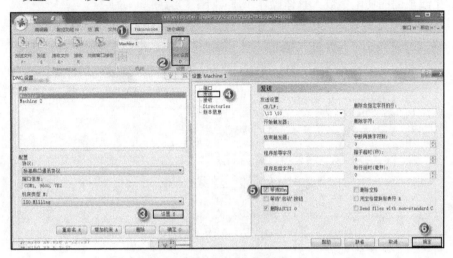

图 1-25　DNC 在线加工

3）按窗口文件发送步骤发送数据　此时建议机床进给率为 0 状态。

3. FANUC 数控系统通信设置

如图 1-26 所示设置：停止位 2、偶校验、波特率 9600、数据位 7、软件控制方式。

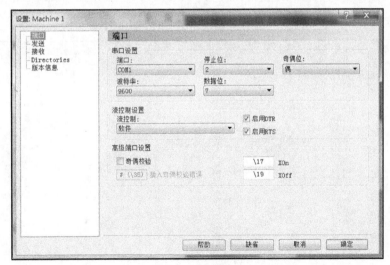

图 1-26　通信设置

注：

　　根据机床参数进行 CIMCO 通信参数设置，常用的波特率有 4800bit/s、9600 bit/s、19200 bit/s、38400 bit/s。

1.7 Mastercam 2017 刀库和加工模板的建立

Mastercam 2017 软件刀库的设置，读者可以新建一个刀库文件，选择一把刀具的时候无须频繁地更改里面的切削参数。具体操作步骤如下：

1）新建机床，选择铣床，单击“文件”，弹出“机床群组属性”对话框，如图 1-27 所示。

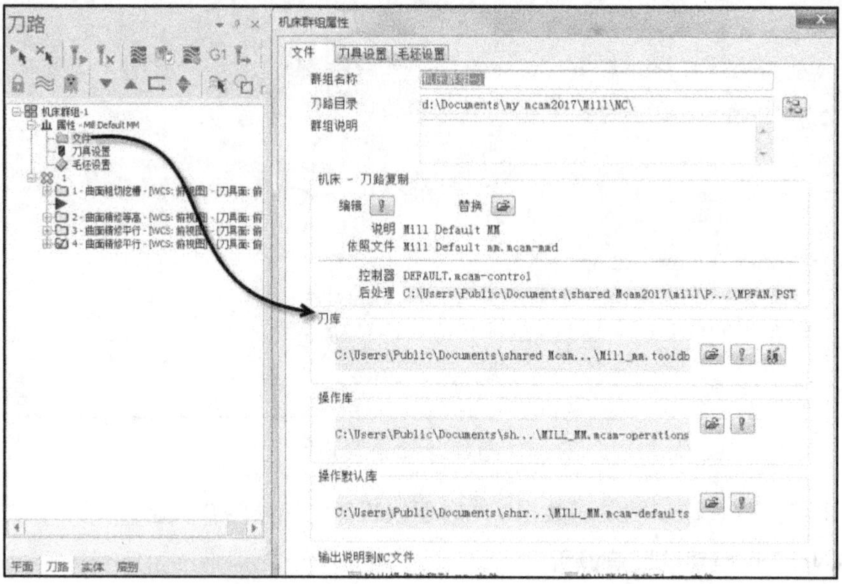

图 1-27 默认刀库

2）单击刀库的“ ”编辑，弹出对话框，如图 1-28 所示。

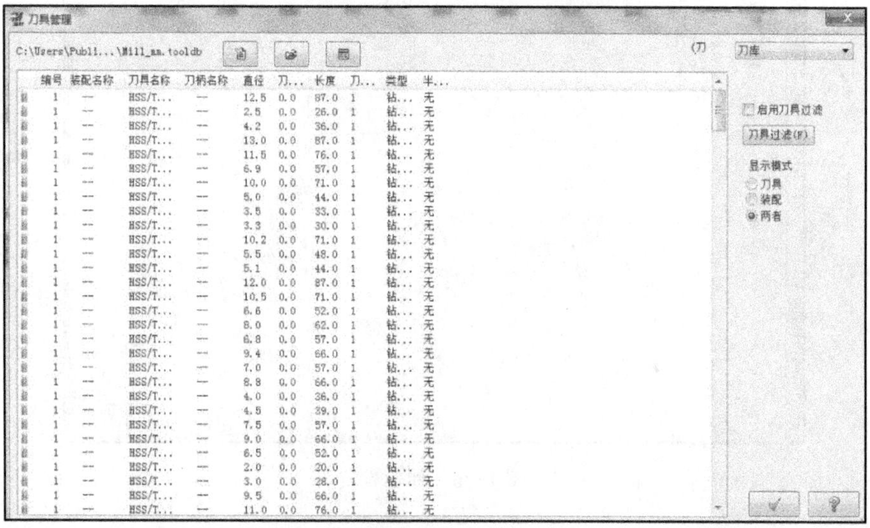

图 1-28 “刀具管理”对话框

3）单击“ ”创建新刀库，弹出对话框，如图 1-29 所示，输入新建刀库名称保存即可。

图 1-29　新建刀库

4）在新建刀库文件中，右击，弹出"刀具管理"对话框，如图 1-30 所示，读者可以把刀具全部新建好，同时也可以把常用的切削参数设置好，方便后期编程直接调用。

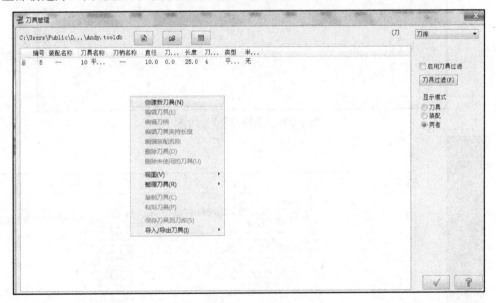

图 1-30　创建刀具

5）刀库文件已新建好，如何调用呢？我们任意选择一个操作，单击"刀具"，在空白处右击，选择"从刀库选择"，如图 1-31 所示，此时弹出"选择刀具"对话框，如图 1-32 所示。

6）如何启动建立的刀库文件呢？打开 Mastercam 2017 软件，单击工具条"文件"，单击"配置"，如图 1-33 所示，弹出"系统配置"对话框，如图 1-34 所示，按照图中步骤选择新建的刀库文件确定即可。

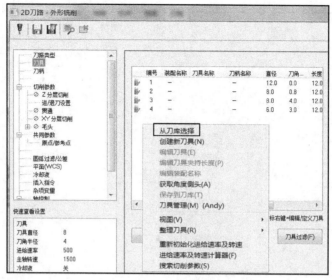

图1-31　选择刀库

图1-32　"选择刀具"对话框

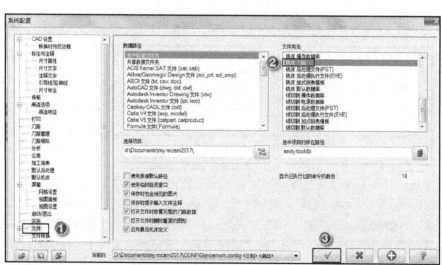

图1-33　单击"配置"　　　　　　　　　　　图1-34　"系统配置"对话框

Mastercam 2017 软件刀路默认参数可能不是我们想要的，读者可以根据编程习惯修改默认参数，不需要每次编程修改这些烦琐的参数；对于产品形状相同的产品，我们可以合理地使用刀路模板，把常用的加工操作做成刀路模板，后期编程基本就是选取"加工曲面"和"加工范围"了，这样大大提高了编程效率。

（1）默认加工模板参数修改　新建机床→选择铣床→单击"文件"，弹出对话框，如图1-35 所示。单击操作默认库的 " 🔋 " 编辑，弹出对话框，如图1-36 所示，里面的操作就是软件默认加工模板，读者根据需要可以设置安全高度、参考高度、下刀位置、进/退刀设置、公差等常用的加工参数，设置完成后单击 ☑ 确认，重新打开软件即可生效。

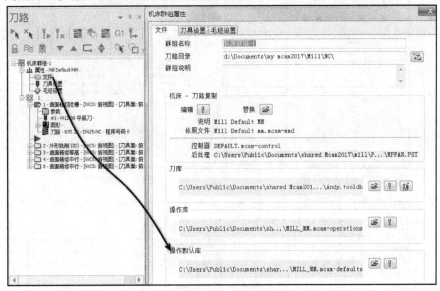

图 1-35　默认加工模板

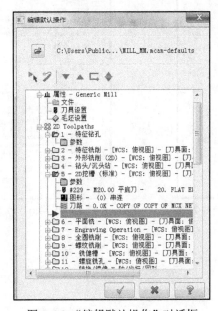

图 1-36　"编辑默认操作"对话框

（2）刀路模板文件建立　假设已准备好常用刀路操作，选择所有操作工序，在操作管理器右击，选择"导出"，如图 1-37 所示，弹出对话框，保存好路径，导出成功会弹出对话框提示导出数量如图 1-38 所示。

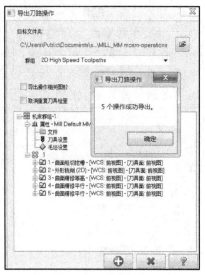

图 1-37　选择"导出"　　　　　　　　　　图 1-38　导出成功

同样的原理，在操作管理器右击，选择"导入"，如图 1-39 所示，选择已建立的刀路模板，导入成功会弹出对话框提示导入数量，如图 1-40 所示。

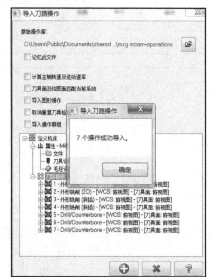

图 1-39　选择"导入"　　　　　　　　　　图 1-40　导入成功

第 2 章

板类零件加工编程实例

内 容

通过三个实例来分别说明板类零件加工刀具路径的操作过程，同时对相关的数控工艺知识做必要的介绍。在各类机械零件中，二维板类零件占很大的比例，Mastercam 2017 软件的铣削制造模块可以高效、快速地编制这一类零件的加工程序。使用线框造型进行刀具路径的生成是非常成熟的技术，新增加的基于实体面进行刀具路径的编制方法，具有使用方便、灵活、易学的特点，适合与各类三维 CAD 软件集成使用。

目 的

通过本章实例讲解，使读者熟悉和掌握用 Mastercam 2017 软件进行板类零件刀具路径的编制，了解相关加工工艺知识和编程思路。案例中没有把图样尺寸、公差标注出来，希望读者在学习过程中着重注意如何综合运用各种刀路进行数控加工。

2.1 链轮的加工编程

2.1.1 加工任务概述

加工一个链轮零件，其三维模型如图 2-1 所示。

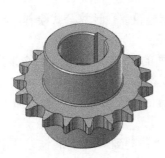

图 2-1 链轮模型

链轮被广泛应用于化工、纺织机械、食品加工、仪表仪器、石油等行业的机械传动等，对这样的加工形状，可以使用外形铣削分层加工，假设链轮精车工序已完成，在这个例子中可以提取实体线框或绘制二维线框来进行刀路的编制。

本节加工任务：一道工序共完成两个操作：粗、精加工齿。

2.1.2　编程前的工艺分析

链轮的加工工艺制订见表 2-1。

表 2-1　链轮的加工工艺

工　序	加工内容	加工方式	机　床	刀　具	夹　具
10	粗铣齿	外形铣削	三轴立式加工中心	$\phi12R0.8$ 机夹刀	自定心卡盘
	精铣齿	外形铣削	三轴立式加工中心	$\phi12$ 立铣刀	自定心卡盘

注：刀具单位为 mm。

链轮的装夹位置如图 2-2 所示。

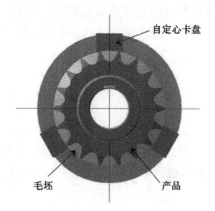

图 2-2　链轮装夹位置示意图

2.1.3　加工模型的准备

链轮的准备有三种方法。

1）使用 Mastercam 2017 的 CAD 命令，根据链轮参数计算公式绘制，具体公式可以在网上查阅。

2）使用 Mastercam 2017 插件"chooks"里面的"Sprocket.dll"命令设定链轮相关参数，如图 2-3 所示，然后通过图样具体要求再做修饰。

3）将其他 CAD 软件的图形文件转换到 Mastercam 2017 中，提取加工部分的线框，如图 2-4 所示。

导入的模型可以通过单击菜单栏"转换"→"移动到原点"，将链轮的中心设为加工坐标系，链轮上表面为 Z 轴原点。

图 2-3 链轮参数对话框

图 2-4 链轮加工模型

2.1.4 毛坯、刀具的设定

1. 毛坯的设定

一般情况毛坯的设定，可以在"机床群组属性"里面的"毛坯设置"选项卡下进行立方体和圆柱体的定义。为了让读者看到模拟仿真达到的真实效果，可以利用 Mastercam 2017 的 CAD 功能把链轮精车完成的毛坯绘制出来，选择实体模型定义，如图 2-5 所示，链轮材料为钢件。

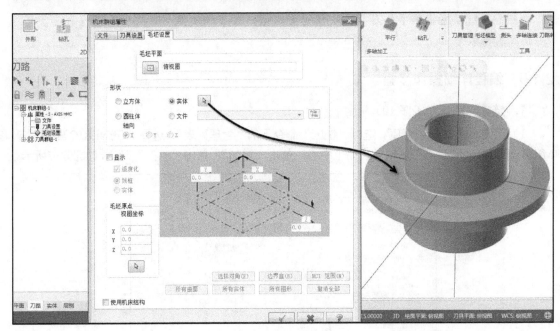

图 2-5 毛坯定义

说明：

立方体毛坯可通过"边界盒/选择对角/所有实体/所有曲面/所有图形"来设置；

圆柱体毛坯可通过"边界盒/所有实体/所有曲面/所有图形"来设置；

铸件、锻件等非基本实体的毛坯可以通过"实体/STL 文件"来设置；

先前工序实体仿真结果可保存为 STL 文件，作为后续工序仿真的毛坯。

2. 刀具的设定

在菜单栏单击"刀路",选择"刀具管理"命令,显示"刀具管理"对话框,在列表空白处右击,单击"创建新刀具",依次把ϕ12R0.8机夹刀、ϕ12立铣刀全部创建好,如图2-6所示,注意刀具夹持长度不要与其他部位有碰撞(读者也可以在加工操作里的"刀具"选项进行刀具创建或者使用刀库文件)。

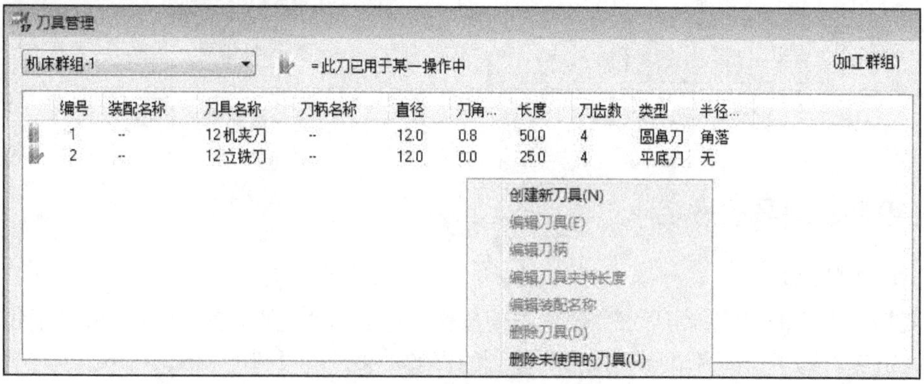

图2-6 "刀具管理"对话框

强烈建议读者把常用的刀具一次创建好,做一个刀库文件,方便以后编程直接使用,可提高编程效率。

2.1.5 编程详细操作步骤

1. 链轮粗铣齿(工序10)

1)在菜单栏单击"机床",选择"铣床"命令下的"管理列表",选择"GENERIC HAAS 3X MILL MM.MCAM-MM"三轴立式加工中心,单击"增加",单击"✓"确认,如图2-7所示。

图2-7 选择机床文件

2）在菜单栏单击"刀路"，选择 2D 铣削"外形"命令，如图 2-8 所示；弹出"串连选项"对话框，选择加工的线框，如图 2-9 所示（注意箭头串连方向，决定刀具补正方向）。

图 2-8　外形铣削

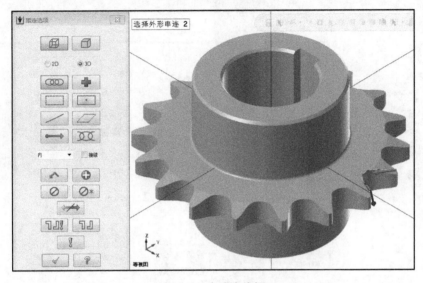

图 2-9　串连齿线框

3）选择好串连线框后，系统会自动弹出"2D 刀路-外形铣削"对话框，单击"刀具"选项卡，选择已建好的刀具ϕ12R0.8 机夹刀，设定主轴转速：2500、进给速率：1800.0、下刀速率：100.0、刀号：1、刀长和半径补正：1，如图 2-10 所示。（读者也可以在刀具列表空白处右击，新建各种刀具或者从刀库中选择刀具。）

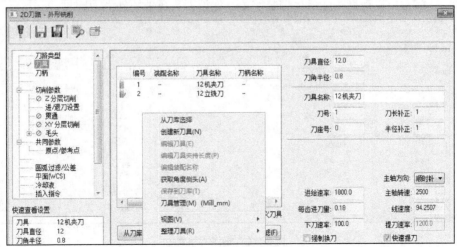

图 2-10　设置刀具参数

注：

本书中所有的切削参数包括刀具转速、进给速率、背吃刀量等，受机床的刚性、夹具、工件材料和刀具材料的影响，设定的切削参数差异很大，本例所设切削参数仅供参考。

4）单击"切削参数"选项卡，进行加工参数的设置，将"外形铣削方式"设置为"斜插"，点选"斜插方式"为"垂直进刀"，设置"斜插深度"为 0.3、补正方向为"左"、"壁边预留量"为 0.25，其余参数默认，如图 2-11 所示。

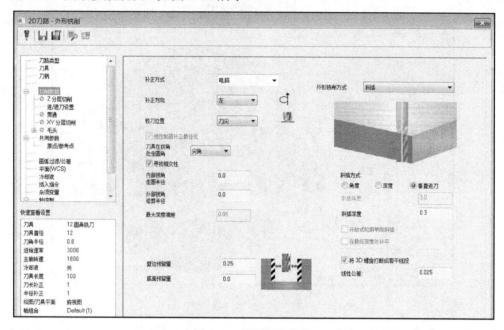

图 2-11　设置切削参数

5）选择"切削参数"选项卡，单击"进/退刀设置"，勾选"进/退刀设置"，将进刀和退刀点选为"相切"，"长度"设为 10.0%，"圆弧""半径"设为 20.0%，如图 2-12 所示，其余参数默认。（读者可以根据实际情况调整参数，保证刀具在毛坯外下刀即可。）

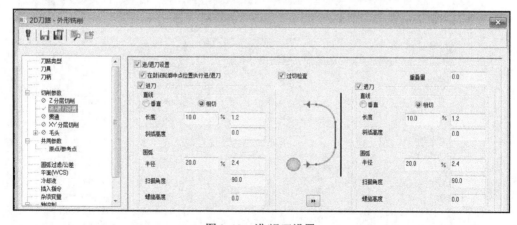

图 2-12　进/退刀设置

6）单击"共同参数"选项卡，勾选"安全高度"，设为 100.0，点选"绝对坐标"，勾选"只有在开始及结束操作才使用安全高度"；勾选"参考高度"，设为 50.0，点选"增量坐标"；"下刀位置"设为 2.0，点选"增量坐标"；"工件表面"设为 0.0，点选"绝对坐标"；"深度"设为–15.6（根据实际情况调整），点选"增量坐标"，如图 2-13 所示。

7）单击"圆弧过滤/公差"选项卡，将"总公差"设为 0.005，勾选"线/圆弧过滤设置"，"最小圆弧半径"设为 0.025，其余参数默认，如图 2-14 所示。（建议读者一次性修改好模板文件，不需要每次设置。）

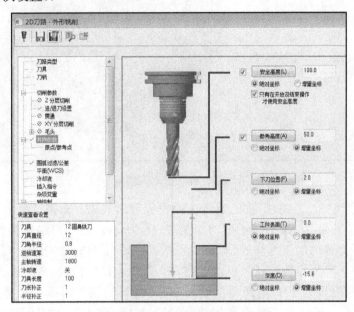

图 2-13　设置共同参数

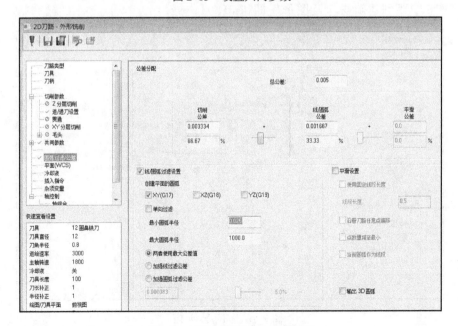

图 2-14　设置圆弧过滤/公差参数

8）参数设置完成单击"√"确认，刀具路径自动生成，如图 2-15 所示。

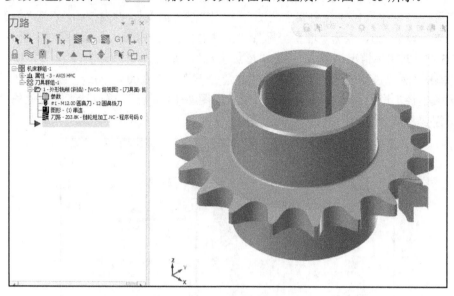

图 2-15　自动生成刀具路径

9）在工具栏选择"刀路转换"，或者在操作管理器右击，选择"铣床刀路"下的"路径转换"，单击"左键"，弹出对话框，如图 2-16 所示，在"刀路转换类型与方式"选项卡，选择需要旋转的加工操作，"类型"点选"旋转"，"方式"点选"刀具平面"，"来源"点选"NCI"，其余参数默认；单击"旋转"选项卡，"实例次数"设为 18，点选"角度之间"，起始角度设为 20，增量角度设为 20，"旋转视图"选择"俯视图"，如图 2-17 所示。单击"√"确认，刀具路径生成，如图 2-18 所示。（如需创建新操作和图形，点选图 2-16 中"创建新操作及图形"即可。）

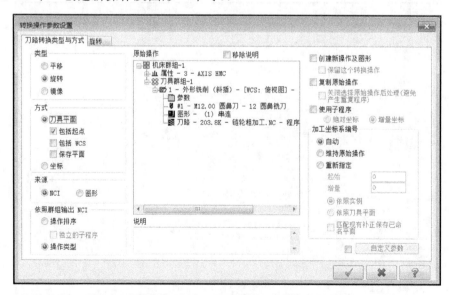

图 2-16　刀路转换 1

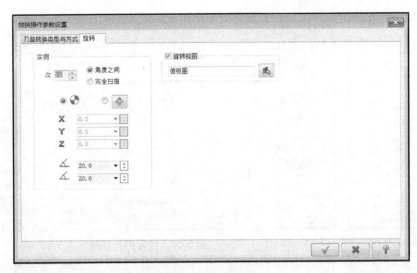

图 2-17　刀路转换 2

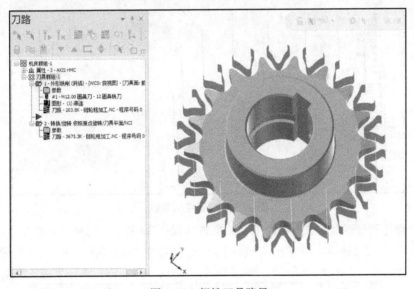

图 2-18　粗铣刀具路径

2. 链轮精铣齿（工序 10）

1）在"操作管理器"选择粗加工"外形铣削"右击选择"复制"，如图 2-19 所示，然后"粘贴"到"操作群组属性"里面（或使用组合键 Ctrl+C 和 Ctrl+V 进行操作）。

2）单击复制完成的"外形铣削"操作，弹出"参数"对话框单击"刀具"选项，选择已建好的刀具ϕ12 立铣刀，设定主轴转速：1200、切削速率：250.0，下刀速率：100.0，如图 2-20 所示。

3）单击"切削参数"选项卡，进行加工参数的修改，将外形铣削方式修改为"2D"，补正方式为"磨损"，壁边预留量为"0.0"，其余参数默认，如图 2-21 所示。单击"✔"确认，刀具路径生成。

　　补正方式为"磨损"，其目的是让程序中带有刀具半径补偿：G41/G42，实际生产过程中，方便操作者进行刀具半径磨损补偿。

图 2-19　复制

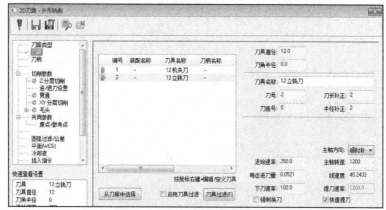

图 2-20　设置刀具参数

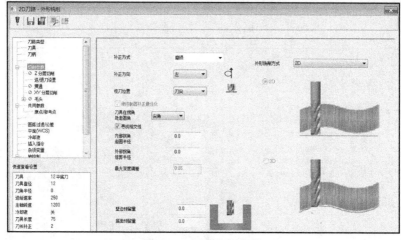

图 2-21　设置切削参数

4）在"操作管理器"中选择粗加工"转换/旋转操作"，右击，选择"复制"，然后粘贴到操作群组里面，在"刀路转换类型与方式"选项卡下选择精铣"外形铣削"操作，"来源"点选"图形"，其余参数默认，如图 2-22 所示，单击"　✓　"确认，精铣刀具路径生成，如图 2-23 所示。

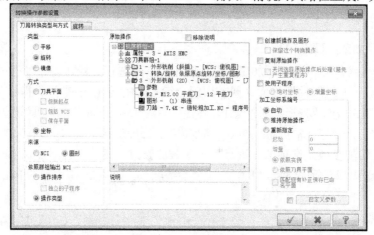

图 2-22　刀路转换

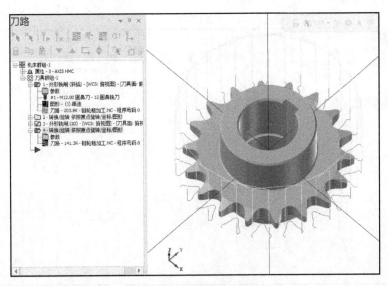

图 2-23　精铣刀具路径

2.1.6　NC 仿真及后处理

1）在"操作管理器"中，单击图标" "选择所有操作，单击验证图标" "，弹出实体模拟仿真对话框，单击播放图标" "进行实体模拟仿真，结果如图 2-24 所示。

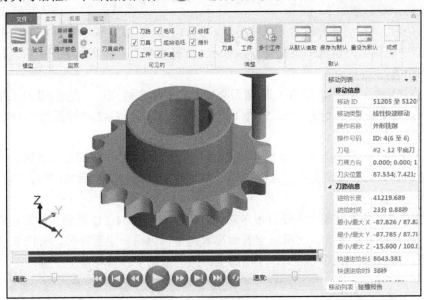

图 2-24　实体模拟仿真

2）使用机床自带的后处理文件，单击"刀路"→" "选择所有操作→" G1 "后处理→" "确认，选择 NC 路径，单击"保存"，弹出 NC 程序对话框，如图 2-25 所示。

3）编程完成后将所有操作工序确认无误后填写好程序单，交到 CNC 车间安排加工。（CNC 程序单模板见附录，仅供参考。）

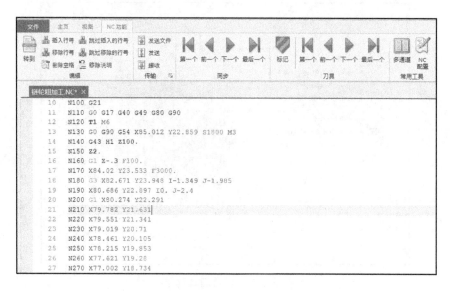

图 2-25　NC 程序

2.1.7　工程师经验点评

通过链轮的实例编程学习，并根据光盘提供的模型文件练习编程，深刻理解外形铣削加工的使用技巧。现总结如下：

1）可以把刀具群组名称修改为工序号等，例如 10、粗加工等，便于分类管理和查看。

2）粗铣中用到了外形铣削斜插命令，实际上就是往复铣，在实际生产中广泛使用，减少了不必要的空刀。

3）在程序编制过程中，使用了进/退刀功能，需要注意两点：一是进/退刀长度和半径的值适中即可，主要是为了让刀具在工件外下刀；二是刀补 G41/G42 和圆弧插补 G02/G03 不能出现在同一行。

4）本例使用刀具转换功能，节约了编程时间，如果刀路是通过平移、旋转、镜像等方法生成的刀路，那么需要验证仿真。读者可以仔细比较变换前和变换后的图形、颜色等，最终得出可靠的结论。

5）强大的 2D 外形铣削命令还有很多功能，例如 2D 倒角、2D 清角、外形螺旋铣、平面多次铣削、外形锥度加工等。这里重点告诉读者的是：思路一定要开放，外形铣削不一定就只能铣外形，可以用它做面铣加工、挖槽加工、燕尾槽加工、垫环槽加工等。

2.2　凹凸文字的加工编程

2.2.1　加工任务概述

下面介绍的是凹凸文字的零件加工，凹凸文字模型如图 2-26 所示。

图 2-26　凹凸文字模型

在模具和产品等制造中，文字的使用是比较常见的，除了使用一些专业的雕刻软件加工之外，利用 Mastercam 2017 软件也可以轻松完成这项工作。软件提供常规的系统字体，还可以利用 Windows 等系统字体，同时 Mastercam 2017 提供丰富的粗、精加工切削方式，选择合理的加工方式，可达到雕刻的效果。本案例虽比较简单，但实用价值高。

本节加工任务：一道工序共完成三个操作，凹凸文字的加工。

2.2.2　编程前的工艺分析

凹凸文字的加工工艺制订见表 2-2。

表 2-2　凹凸文字的加工工艺

工　序	加工内容	加工方式	机　床	刀　具	夹　具
10	凹文字加工	外形铣削	三轴立式加工中心	$\phi 0.9$ 雕刻尖刀	自定心卡盘
	凸文字开粗	木雕铣削	三轴立式加工中心	$\phi 6$ 平底刀	自定心卡盘
	凸文字清角	木雕铣削	三轴立式加工中心	$\phi 0.9$ 雕刻尖刀	自定心卡盘

凹凸文字的装夹位置如图 2-27 所示。

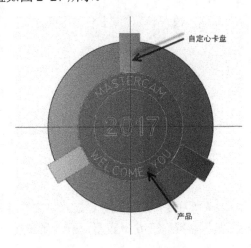

图 2-27　凹凸文字的装夹示意图

2.2.3 加工模型的准备

1）凹凸文字的准备有两种方法。

① 将其他 CAD 软件的图形文件转换到 Mastercam 2017 中。

② 使用 Mastercam 2017 的 CAD 命令绘制，绘制过程这里不详细介绍，告诉读者的是凹文字使用的字体是"MCX（Box）Font"，文字是"MASTERCAM WELCOME YOU"，凸文字使用的字体是"True Type（Arial）Font"，文字是"2017"，字体的大小根据图样要求设定，凹凸文字加工图形如图 2-28 所示。

2）将凹凸文字外圆中心设为加工坐标系，顶面为 Z 轴原点。

图 2-28　凹凸文字的加工图形

2.2.4 毛坯、刀具的设定

1. 毛坯的设定

在"机床群组属性"的"毛坯设置"选项卡下进行圆柱体的定义，圆柱直径为"260.0"，高度为"20.0"，毛坯原点 Z 为"-20.0"，毛坯定义如图 2-29 所示，材料为：钢件。

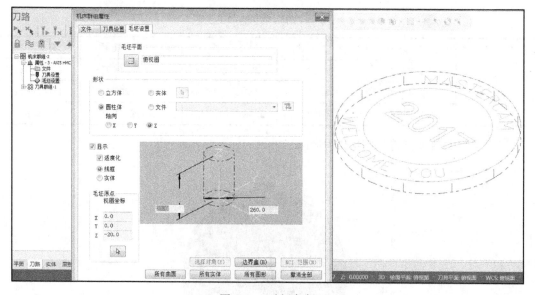

图 2-29　毛坯定义

2. 刀具的设定

在菜单栏单击"刀路"，选择"刀具管理"命令，显示"刀具管理"对话框，在列表空白处单击右键，单击"创建新刀具"，依次把φ6 平底刀，φ0.9 雕刻尖刀锥度"30"、柄径为"4"全部创建好，如图 2-30 所示。

图 2-30　刀具管理器

2.2.5　编程详细操作步骤

1. 凹文字加工（工序 10）

1）在菜单栏单击"机床"，选择"铣床"命令下的"管理列表"，选择"GENERIC HAAS 3X MILL MM.MCAM-MM"三轴立式加工中心，单击"增加"，单击"✔"确认，如图 2-31 所示。

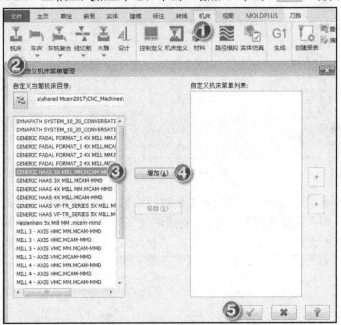

图 2-31　选择机床文件

2）在菜单栏单击"刀路"，选择 2D 铣削"外形"命令，弹出"串连选项"对话框，选择加工的凹凸文字，如图 2-32 所示，单击 ✔ 确认即可。（注意文字笔画尽量串连，不能串连的使用单体选择。）

3）选择好串连文字后，软件系统会自动弹出"2D 刀路-外形铣削"对话框，单击"刀具"选项卡，选择已建好的刀具 ϕ0.9 雕刻尖刀，设定主轴转速：12000、进给速率：200.0、下刀速率：20.0、刀号：1、刀长和半径补正：1，如图 2-33 所示。

> 注意正常加工中心最高主轴转速一般在 8000r/min 左右，雕刻较小的文字需要高转速的加工中心或雕刻机。本例中的切削参数仅供参考。

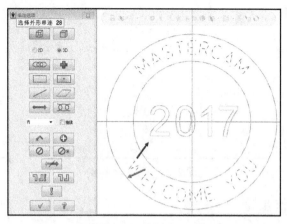

图 2-32　串连凹文字

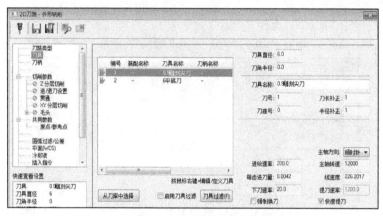

图 2-33　设置刀具参数

4）单击"切削参数"选项卡，进行加工参数的设置，将"外形铣削方式"设置为"斜插"，点选"斜插方式"为"垂直进刀"，设置"斜插深度"为"0.05"、补正方向为"关"、预留量全部为"0"，其余参数默认，如图 2-34 所示，"进/退刀设置"不需要设置。

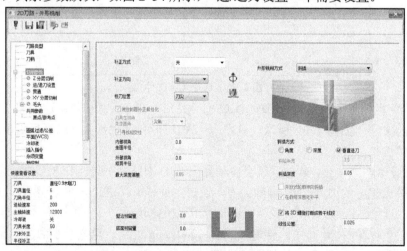

图 2-34　设置切削参数

5）单击"共同参数"选项卡，勾选"安全高度"，设为 50.0，点选"绝对坐标"，勾选"只有在开始及结束操作才使用安全高度"；勾选"参考高度"，设为 20.0，点选"增量坐标"；"下刀位置"设为 2.0，点选"增量坐标"；"工件表面"设为 0.0，点选"绝对坐标"；"深度"设为-1（根据实际情况调整），点选"增量坐标"，如图 2-35 所示。

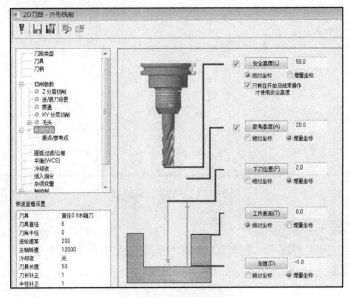

图 2-35　设置共同参数

6）单击"圆弧过滤/公差"选项卡，将"总公差"设为 0.005，勾选"线/圆弧过滤设置"，"最小圆弧半径"设为 0.025，其余参数默认，如图 2-36 所示。

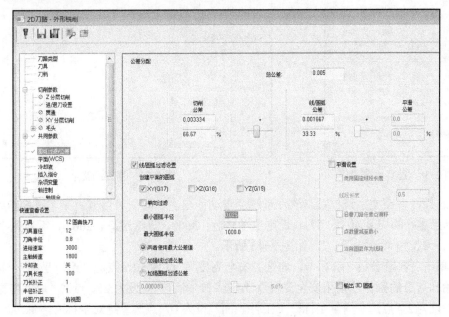

图 2-36　设置圆弧过滤/公差参数

7）参数设置完成单击"　✓　"确认，刀具路径自动生成，如图 2-37 所示。

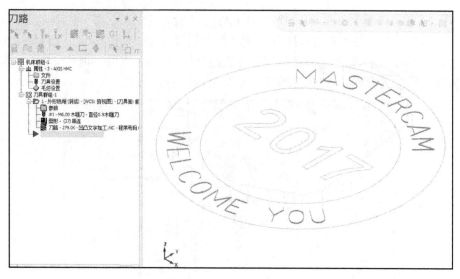

图 2-37　凹文字刀具路径

2. 凸文字开粗（工序 10）

1）在菜单栏单击"刀路"，选择 2D 铣削"木雕"命令，如图 2-38 所示；弹出"串连选项"对话框，选择加工的凹凸文字，如图 2-39 所示单击"　✓　"确认即可。

图 2-38　选择木雕操作

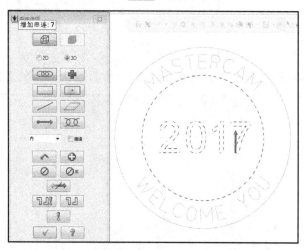

图 2-39　串连凸文字

2）选择好串连文字线框后，软件系统会自动弹出"木雕"对话框，在"刀具参数"选项卡，选择已建好的刀具 $\phi6$ 平底刀，设定主轴转速：3600、进给速率：200.0、下刀速率：50.0、刀号：2、刀长和半径补正：2，如图 2-40 所示。

3）单击"木雕参数"选项卡，勾选"安全高度"，设为 50，点选"绝对坐标"，勾选"只有在开始和结束的操作才使用安全高度"；勾选"参考高度"，设为 25，点选"增量坐标"；"下刀位置"设为 2，点选"增量坐标"；"工件表面"设为 0，点选"绝对坐标"；"深度"设为 –1（根据文字深度调整），点选"增量坐标"；"XY 预余量"设为 0；勾选"过滤"，单击"过滤"，"切削公差"设为 0.01，创建圆弧，其余参数默认，如图 2-41 所示。

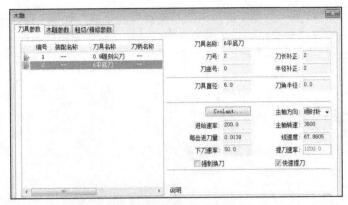

图 2-40　设置刀具参数

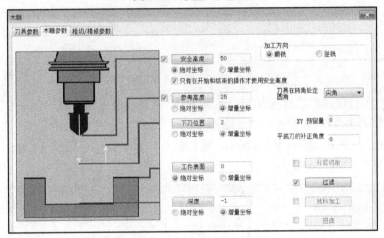

图 2-41　设置木雕参数

4）单击"粗切/精修参数"选项卡，进行参数的设置，将"粗切"设置为"平行环切"，勾选"先粗切后精修"和"平滑外形"，"排序方式"为"由左至右"，"切削间距（直径%）"设为 75，"公差"设为 0.01，"切削图形"点选"在深度"，其余参数默认，如图 2-42 所示。

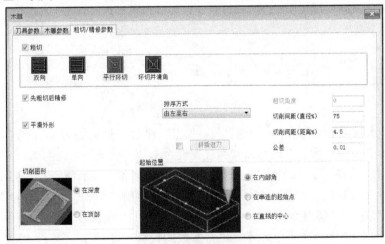

图 2-42　设置粗切/精修参数

5）参数设置完成单击"√"确认，刀具路径自动生成，如图 2-43 所示。

图 2-43　凸文字开粗刀路

6）在"操作管理器"选择粗加工"木雕操作"，直接使用组合键"Ctrl+C"和"Ctrl+V"进行操作的复制和粘贴。单击复制的木雕操作的"参数"，弹出刀具对话框，选择已建好的刀具φ0.9 雕刻尖刀，设定主轴转速：12000、进给速率：200.0、下刀速率：20.0、刀号：1、刀长和半径补正：1，如图 2-44 所示。

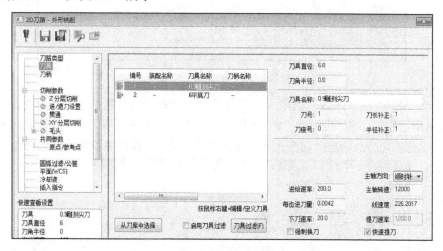

图 2-44　设置刀具参数

7）单击"木雕参数"选项卡，勾选"残料加工"弹出"木雕残料加工设置"对话框，点选"自定义的粗切刀路"，"大径"设为 8，"角度"设为 3，"刀尖直径"设为 7，（刀尖直径比实际加工刀具大 1mm，是为了让刀路有 1mm 的重叠量，如需要整个外形精加工，点选"粗切完成后再精修"），其余参数默认，如图 2-45 所示；勾选"分层切削"，弹出"深度切削"对话框，"切削次数"设为"20"（每层相当于切削 0.05），点选"相等的切削深度"，如图 2-46 所示。

8）单击"粗切/精修参数"选项卡，进行参数的设置，将"切削图形"设置为"在顶部"，如图 2-47 所示，其余参数默认；单击"√"确认，刀具路径自动生成，如图 2-48 所示。

图 2-45　残料加工设定

图 2-46　分层切削

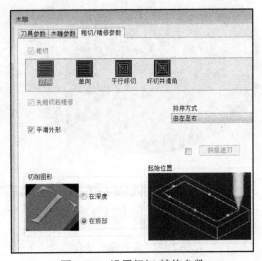

图 2-47　设置粗切/精修参数

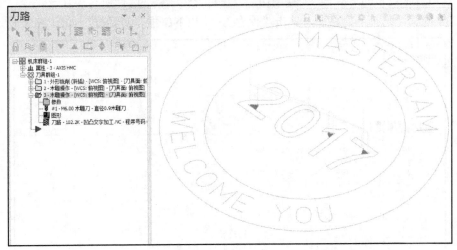

图 2-48　凸文字清角刀路

2.2.6　NC 仿真及后处理

1）在"操作管理器"中，单击图标"　"选择所有操作，单击验证图标"　"，弹出实体模拟仿真对话框，单击播放图标""进行实体模拟仿真，结果如图 2-49 所示。

图 2-49　实体模拟仿真

2）使用机床自带的后处理文件，单击"刀路"→"　　"选择所有操作→"G1"后处理
→"　　"确认，选择 NC 路径，单击"保存"，弹出 NC 程序对话框，如图 2-50 所示。

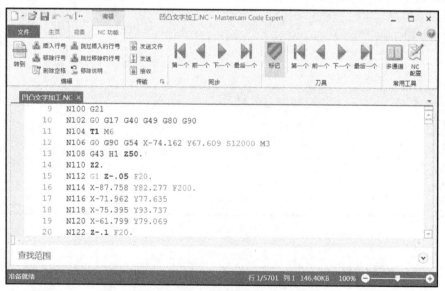

图 2-50　NC 程序

3）编程完成后将所有操作工序确认无误后填写好程序单，交到 CNC 车间安排加工。（CNC 程序单模板见附录，仅供参考。）

2.2.7　工程师经验点评

通过凹凸文字加工实例编程学习，并根据光盘提供的模型文件练习编程，深刻理解木雕操作和外形铣削加工使用技巧。现总结如下：

1）可以把刀具群组名称修改为工序号等，例如 10、粗加工等，方便分类管理和查看。

2）字体根据图样要求设定，如果在 Mastercam 2017 找不到合适的字体，可以从其他 CAD 软件导入；本例是在二维平面上雕刻文字的，如在曲面上雕刻文字，加工操作就需要使用投影加工，读者可以试试看。

3）雕刻文字本例选择了专业雕刻尖刀，有时球刀、中心钻等也可以作为雕刻刀具使用，根据图样或客户的要求，选择正确的雕刻刀具。

4）在加工凹文字时用了外形铣削的斜插命令，实际上就是往复铣，减少了不必要的空刀；在选择文字串连方向一定要注意，按照刀路加工顺序串连文字方向，若选择不当会直接影响刀具路径的质量。

5）在加工凸文字时使用了木雕命令，当然读者也可以使用 2D 挖槽命令，采用大刀开粗提高效率、小刀清角的工艺思路。需注意的是小刀的切削参数要选择好，正常情况加工中心转速达不到高速要求，在选择刀具时尽可能选择得大一点，以满足客户要求为原则。切削层一般选择 0.03～0.05mm，可根据实际情况进行合理的调整。

2.3　支撑板的加工编程

2.3.1　加工任务概述

加工一个支撑板零件，支撑板三维模型如图 2-51 所示。

图 2-51　支撑板模型

支撑板起固定支撑作用，被广泛应用于石油等行业的阀门中。对这样的零件加工形状，可以使用外形铣削、钻孔等来加工，假设支撑板中间流道孔已通过线切割粗加工完成，留 2mm 余量进行精加工。在这个例子中，可以绘制二维线框或利用实体边界线进行刀路的编制。

本节加工任务：两道工序共完成七个操作，粗、精加工支撑板外形及流道孔。

2.3.2 编程前的工艺分析

支撑板的加工工艺制订见表 2-3。

表 2-3 支撑板的加工工艺

工 序	加工内容	加工方式	机 床	刀 具	夹 具
			外形加工		
	粗加工外形	外形铣削	三轴加工中心	ϕ20 HSS 立铣刀	图 2-52
	精加工外形	外形铣削	三轴加工中心	ϕ10 合金立铣刀	图 2-52
10	外形倒角	外形铣削	三轴加工中心	ϕ25 倒角刀	图 2-52
	点钻	钻孔	三轴加工中心	ϕ3 中心钻	图 2-52
	钻孔	钻孔	三轴加工中心	ϕ9.65 合金钻头	图 2-52
			流道孔加工		
20	粗铣流道孔	外形铣削	三轴加工中心	ϕ20 HSS 立铣刀	图 2-53
	精镗流道孔	钻孔	三轴加工中心	ϕ118.18 可调式精镗刀	图 2-53

支撑板的外形加工装夹位置如图 2-52 所示，流道孔加工装夹位置如图 2-53 所示。

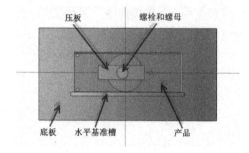

图 2-52 外形加工装夹位置

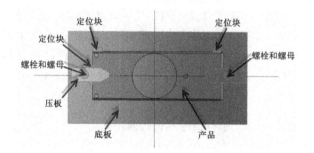

图 2-53 流道孔加工装夹位置

2.3.3 加工模型的准备

1）支撑板的模型准备。

使用 Mastercam 2017 的 CAD 命令绘制加工线框，也可以将其他 CAD 软件的图形文件转换到 Mastercam 2017 软件中，绘制过程这里不详细介绍，如图 2-54 所示。

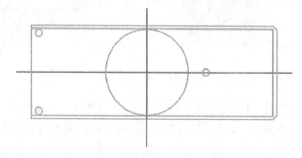

图 2-54 支撑板加工线框

2）将支撑板流道孔中心设为加工坐标系，顶面为 Z 轴原点。

2.3.4　毛坯、刀具的设定

1. 毛坯的设定

为了让读者看到模拟仿真达到的真实效果，利用 Mastercam 2017 的 CAD 功能把支撑板流道孔粗加工完成的毛坯绘制出来，选择实体模型定义，如图 2-55 所示，材料为钢件。

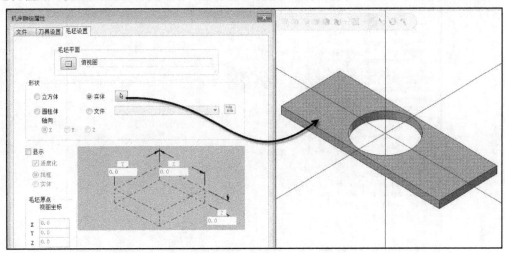

图 2-55　毛坯定义

2. 刀具的设定

在菜单栏单击"刀路"，选择"刀具管理"命令，显示"刀具管理"对话框，在列表空白处单击右键，单击"创建新刀具"，依次把 ϕ20 HSS 立铣刀、ϕ10 合金立铣刀、ϕ25 倒角刀、ϕ3 中心钻、ϕ9.65 合金钻头、ϕ111.18 可调式精镗刀全部创建好，如图 2-56 所示。

编号	装配名称	刀具名称	刀柄名称	直径	刀角	长度	刀齿数	类型	半径
1	--	20 HSS立铣刀	--	20.0	0.0	30.0	4	平底刀	无
2	--	10合金立铣刀	--	10.0	0.0	10.0	4	平底刀	无
3	--	25倒角刀	--	38.0-45	0.0	25.0	4	倒角刀	无
4	--	3中心钻	--	3.0	0.0	5.0	2	中心钻	无
5	--	9.65合金钻头	--	9.65	0.0	10.0	2	钻头	无
6	--	118.18可调式精镗刀	--	111.18	0.0	6.25	2	镗杆	无

创建新刀具(N)
编辑刀具(E)
编辑刀柄

图 2-56　"刀具管理"对话框

2.3.5　编程详细操作步骤

1. 粗加工外形（工序 10）

1）在菜单栏单击"机床"，选择"铣床"命令下的"管理列表"，选择"GENERIC HAAS 3X

MILL MM.MCAM-MM"三轴立式加工中心，单击"增加"，单击"✓"确认，如图2-57所示。

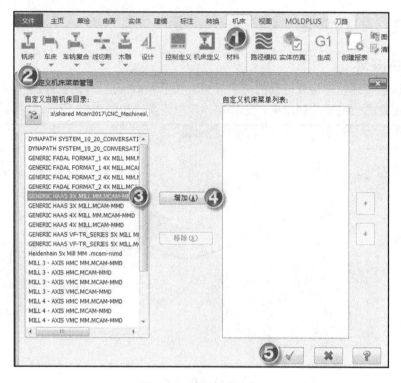

图2-57 选择机床文件

2）在菜单栏单击"刀路"，选择 2D 铣削"外形"命令，弹出"串连选项"对话框，选择要加工的外形线框，如图2-58所示，单击"✓"确认即可。

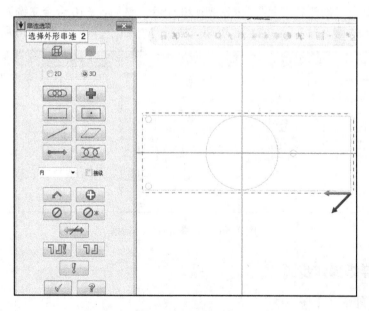

图2-58 串连外形

3）选择好串连线框后，软件系统会自动弹出"2D 刀路-外形铣削"对话框，单击"刀具"选项卡，选择已建好的刀具ϕ 20 HSS 立铣刀，设定主轴转速：477、进给速率：150.0、下刀进给率：100.0、刀号：1、刀长和半径补正：1，如图 2-59 所示。

4）单击"切削参数"选项卡，进行加工参数的设置。设置"外形铣削方式"为"2D"、"补正方式"为"磨损"、"补正方向"为"左"、"壁边预留量"为 0.3，其余参数默认，如图 2-60 所示。

补正方式为"磨损"，其目的是让程序中带有刀补半径补偿 G41/G42，实际生产过程中方便操作者进行刀具半径磨损补偿。

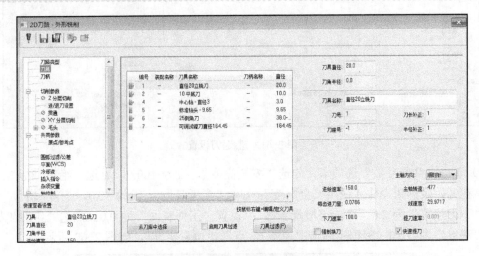

图 2-59　设置刀具参数

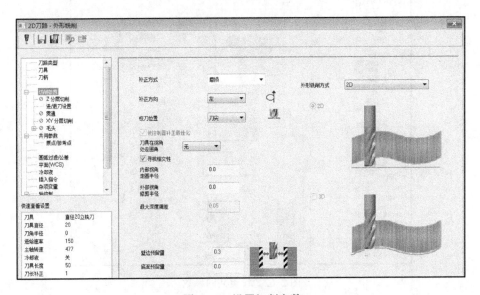

图 2-60　设置切削参数

5）选择"切削参数"选项卡→"进/退刀设置"，勾选"进/退刀设置"，将进刀和退刀点选为"相切"，"长度"设为20.0%，"圆弧"的"半径"设为30.0%，"重叠量"设为"0.2"，如图 2-61 所示，其余参数默认。（读者可以根据实际情况调整参数，保证刀具在毛坯外下刀即可；重叠量的设定是为了减少进/退刀痕迹。）

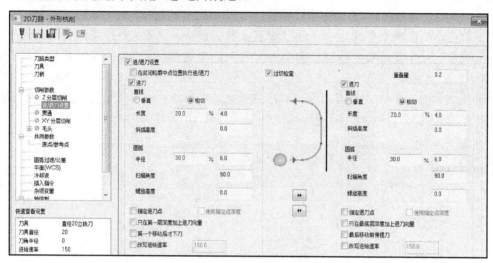

图 2-61　进/退刀设置

6）单击"共同参数"选项卡，勾选"安全高度"，设为 100.0，点选"绝对坐标"，勾选"只有在开始及结束操作才使用安全高度"；勾选"参考高度"，设为 80.0，点选"增量坐标"；设置"下刀位置"为 2.0，点选"增量坐标"；设置"工件表面"为 0.0，点选"绝对坐标"；设置"深度"为−16.0（根据实际情况调整），点选"增量坐标"，如图 2-62 所示。

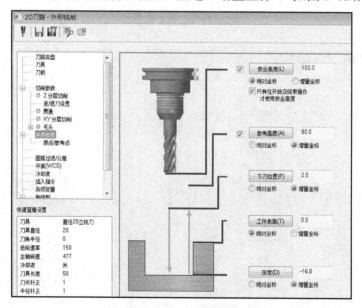

图 2-62　设置共同参数

7）单击"圆弧过滤/公差"选项卡，将"总公差"设为 0.005，勾选"线/圆弧过滤设置"，"最小圆弧半径"设为 0.025，其余参数默认，如图 2-63 所示；参数设置完成单击"　✓　"确认，刀具路径自动生成，如图 2-64 所示。

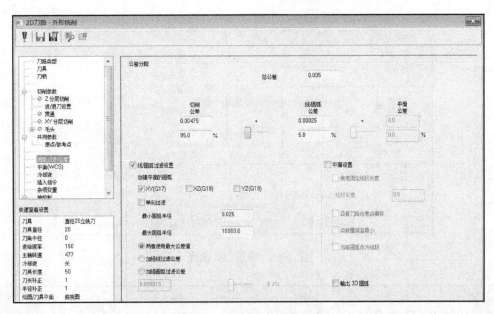

图 2-63　设置圆弧过滤/公差

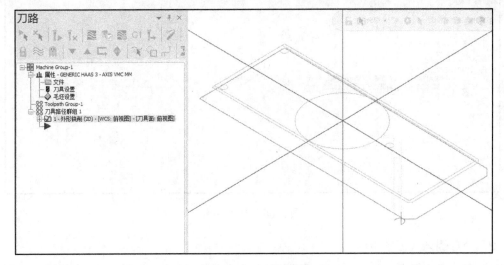

图 2-64　刀具路径

2. 精加工外形（工序 10）

1）在"操作管理器"选择粗加工"外形铣削"，直接使用组合键"Ctrl+C"和"Ctrl+V"进行操作的复制和粘贴。单击复制的外形铣削的"参数"，弹出刀具对话框，选择已建好的刀具 ϕ10 合金立铣刀，设定主轴转速：1500、进给速率：300.0、下刀速率：100.0、刀号：2、刀长和半径补正：2，如图 2-65 所示。

2）单击"切削参数"选项卡，进行加工参数的设置，"壁边预留量"修改为–0.025（壁边预留量根据实际图样公差要求进行设定），其余参数默认；单击"共同参数"选项卡，"深度"修改为–15.5（其目的是与上一把刀具不在同一个深度），参数设置完成单击"✓"确认，刀具路径自动生成，如图 2-66 所示。

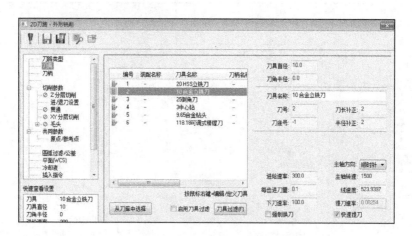

图 2-65　设置刀具参数

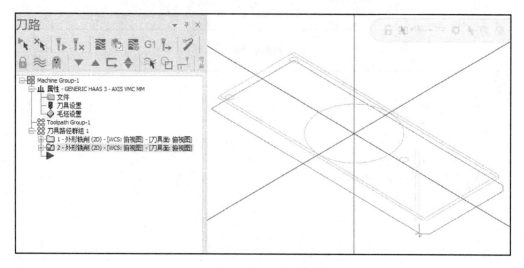

图 2-66　刀具路径

3. 外形倒角（工序 10）

1）在"操作管理器"选择粗加工"外形铣削"，直接使用组合键"Ctrl+C"和"Ctrl+V"进行操作的复制和粘贴，单击复制的外形铣削的"图形"，弹出对话框，把之前的图形线框删除，在空白处单击右键，选择"增加串连"，重新选择倒角线框，如图 2-67 所示。

2）单击复制的外形铣削的"参数"，弹出刀具对话框，选择已建好的刀具 ϕ 25 倒角刀，设定主轴转速：1800、进给速率：300.0、下刀速率：100.0、刀号：3、刀长和半径补正：3，如图 2-68 所示。

3）单击"切削参数"选项卡，进行加工参数的设置。设置"外形铣削方式"为"2D 倒角"，"宽度"为 4.0，"刀尖补正"为 0.5，"补正方式"为"磨损"，"补正方向"为"左"，"壁边预留量"为"4"，其余参数默认，如图 2-69 所示。（如果读者需要往复双向下刀倒角，那么"外形铣削方式"为"斜插"，余量和加工深度都需要改变，注意的是深度分层，保证最后一刀为顺铣。）

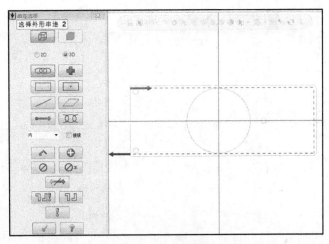

图 2-67　串连倒角外形

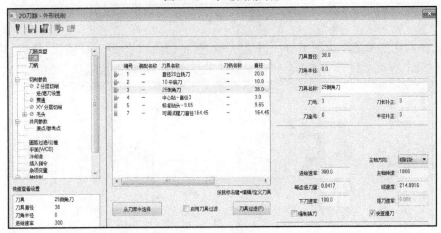

图 2-68　设置刀具参数

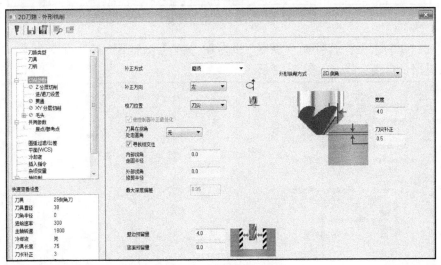

图 2-69　设置切削参数

4）选择"切削参数"选项卡→"Z 分层切削"，弹出对话框，勾选"深度分层切削"，"最大粗切步进量"设为 2.0（根据实际情况调整步进量），其余参数默认，如图 2-70 所示。

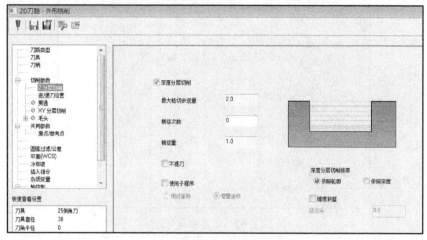

图 2-70　设置 Z 分层切削

5）选择"切削参数"选项卡→"进/退刀设置"，勾选"进/退刀设置"，将进刀和退刀长度设为 55.0%，圆弧半径设为 0.0%，"重叠量"设为 0.0，其余参数默认，如图 2-71 所示。

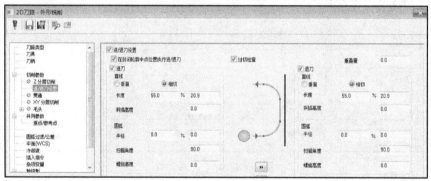

图 2-71　进/退刀设置

6）单击"共同参数"选项卡，"深度"设为 0，其余参数默认，参数设置完成单击" "确认，刀具路径自动生成，如图 2-72 所示。

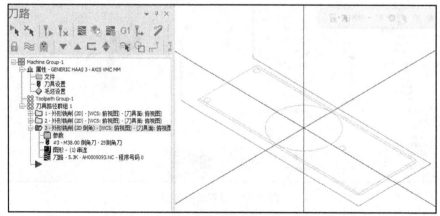

图 2-72　刀具路径

4. 点钻（工序 10）

1）在菜单栏单击"刀路"→2D 铣削，选择"钻孔"命令，弹出"选择钻孔位置"对话框，选择加工的孔的位置点，如图 2-73 所示，单击 ✓ 确定即可。

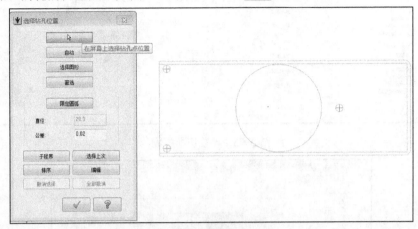

图 2-73　选择钻孔位置

2）选择钻孔位置后，软件系统会自动弹出 2D 钻孔对话框，在"刀具"选项卡，选择已建好的刀具 ϕ3 中心钻，设定主轴转速：1200、进给速率：40.0、刀号：4、刀长和半径补正：4，如图 2-74 所示。

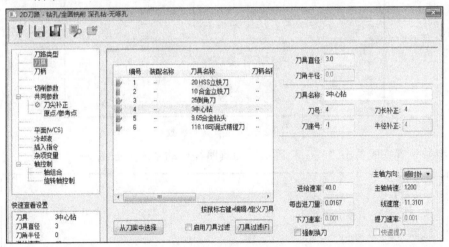

图 2-74　设置刀具参数

3）单击"切削参数"选项卡，进行加工参数的设置，"循环方式"为"钻头/沉头钻"，其余参数默认，如图 2-75 所示。

"循环方式"的设定直接影响程序输出不同的钻孔循环代码，常用的钻孔循环代码有：G81、G82、G83、G84、G76、G80 等，详细的钻孔循环代码介绍网络上有很多。

4）单击"共同参数"选项卡，勾选"安全高度"设为：100，点选"绝对坐标"，"参考高度"设为：3，点选"增量坐标"，工件表面：0，点选"绝对坐标"，深度：-4，点选"增量坐标"，如图 2-76 所示。

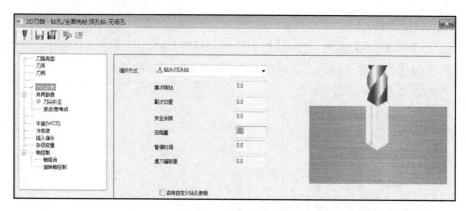

图 2-75　设置切削参数

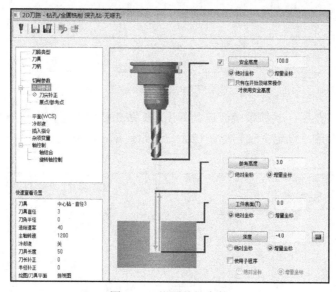

图 2-76　设置共同参数

5）参数设置完成单击"　✓　"确认，刀具路径自动生成，如图 2-77 所示。

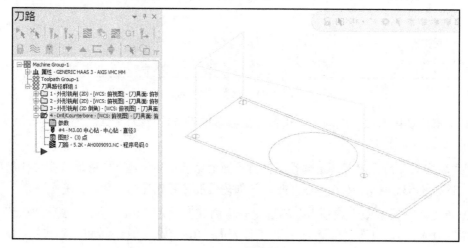

图 2-77　刀具路径

5. 钻孔（工序 10）

1）在"操作管理器"选择"钻孔"，直接使用组合键"Ctrl+C"和"Ctrl+V"进行操作的复制和粘贴。单击钻孔"参数"，弹出刀具对话框，选择已建好的刀具φ9.65 合金钻头，设定主轴转速：700、进给速率：60.0、刀号：5、刀长和半径补正：5，如图 2-78 所示。

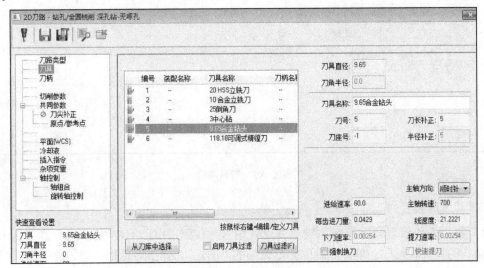

图 2-78　设置刀具参数

2）单击"共同参数"选项卡，将"深度"设为−18.0（此深度只要贯穿产品即可，根据实际情况调整），点选"增量坐标"，如图 2-79 所示，其余参数默认；参数设置完成单击" "确认，刀具路径自动生成，如图 2-80 所示。

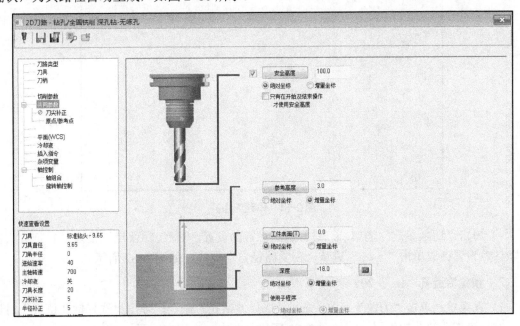

图 2-79　设置共同参数

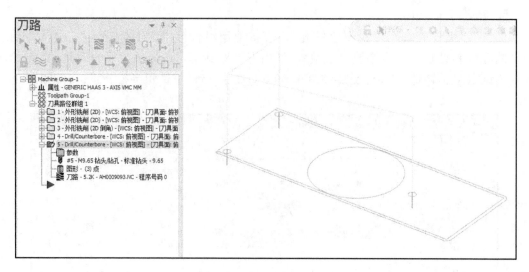

图 2-80　刀具路径

6. 粗铣流道孔（工序 20）

1）在"操作管理器"选择粗铣"外形铣削"，直接使用组合键"Ctrl+C"和"Ctrl+V"进行操作的复制和粘贴。单击复制的外形铣削的"图形"，弹出对话框，把之前的图形线框删除，在空白处单击右键，选择"增加串连"，重新选择流道孔线框，如图 2-81 所示。

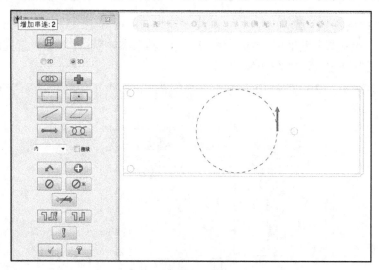

图 2-81　串连流道孔

2）单击"切削参数"选项卡，进行加工参数的设置，"壁边预留量"设为 0.15，其余参数默认，设置完成单击"　✓　"确认，刀具路径自动生成，如图 2-82 所示。

7. 精镗流道孔（工序 20）

1）在菜单栏单击"刀路"→2D 铣削，选择"钻孔"命令，弹出"选择钻孔位置"对话框，选择流道孔的孔的位置点，如图 2-83 所示，单击 ✓ 确定即可。

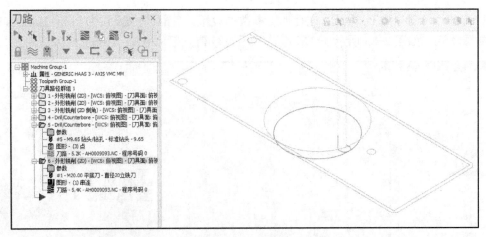

图 2-82　刀具路径

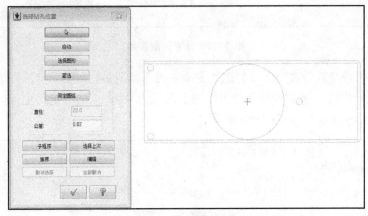

图 2-83　选择镗孔位置

2）选择镗孔位置后，软件系统会自动弹出 2D 钻孔对话框，在"刀具"选项卡，选择已建好的 ϕ 111.18 可调式精镗刀，设定主轴转速：200、进给速率：30.0、刀号：6、刀长和半径补正：6，如图 2-84 所示。

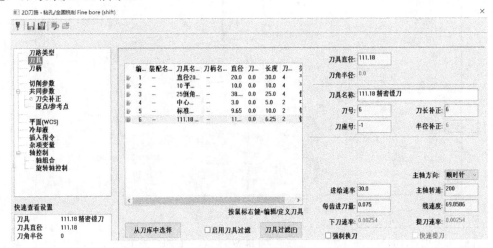

图 2-84　设置刀具参数

3）单击"切削参数"选项卡，进行加工参数的设置，"循环方式"设为"Fine Bore（shit）"，其余参数默认，如图 2-85 所示（G76 镗孔循环的 Q 值一般取 0.3～0.5mm）。

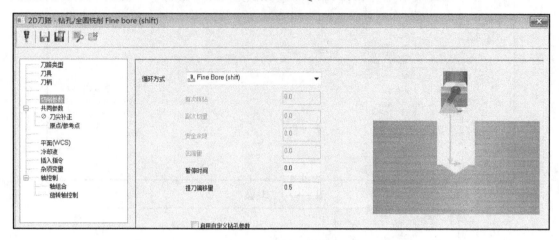

图 2-85　设置切削参数

4）单击"共同参数"选项卡，勾选"安全高度"，设为：100.0，点选"绝对坐标"；"参考高度"设为3，点选"增量坐标"；"工件表面"设为0.0，点选"绝对坐标"；"深度"设为 −15.0，点选"增量坐标"，如图 2-86 所示。

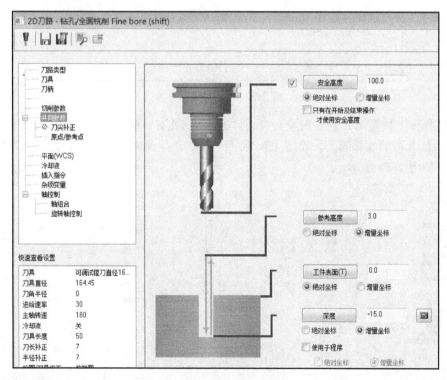

图 2-86　设置共同参数

5）参数设置完成单击"　✔　"确认，刀具路径自动生成，如图 2-87 所示。

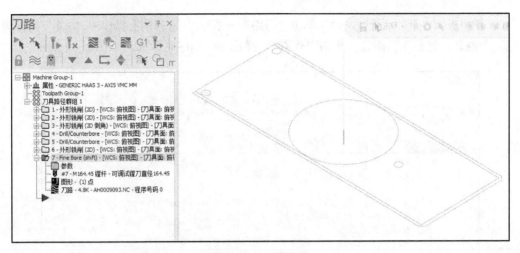

图 2-87　刀具路径

2.3.6　NC 仿真及后处理

1）在"操作管理器"中，单击图标""选择所有操作，单击验证图标""，弹出实体模拟仿真对话框，单击播放图标""进行实体模拟仿真，结果如图 2-88 所示。

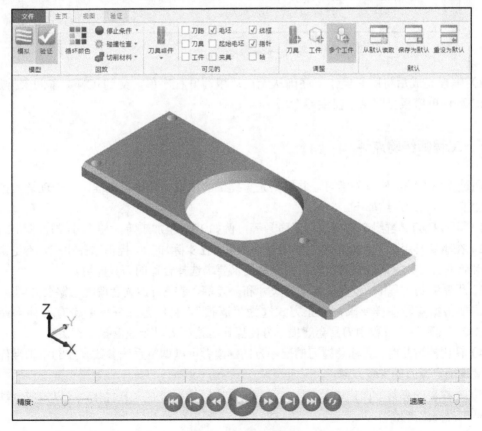

图 2-88　实体仿真模拟

2）使用机床自带的后处理文件，单击"刀路"→" "选择所有操作→" G1 "后处理→
" "确认，选择 NC 路径，单击"保存"，弹出 NC 程序对话框，如图 2-89 所示。

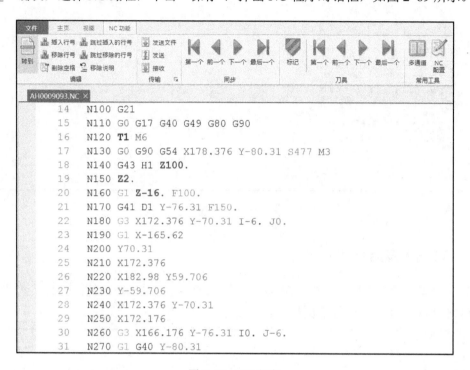

文件	主页	视图	NC 功能

插入行号 | 跳过插入的行号 | 发送文件 | 第一个 前一个 下一个 最后一个 | 标记 | 第一个 前一个 下一个 最后一个 | 多通道 | NC 配置
移除行号 | 跳过移除的行号 | 发送
转到 | 删除空格 | 移除说明 | 接收
编辑 | 传输 | 同步 | 刀具 | 常用工具

AH0009093.NC ×

```
14    N100 G21
15    N110 G0 G17 G40 G49 G80 G90
16    N120 T1 M6
17    N130 G0 G90 G54 X178.376 Y-80.31 S477 M3
18    N140 G43 H1 Z100.
19    N150 Z2.
20    N160 G1 Z-16. F100.
21    N170 G41 D1 Y-76.31 F150.
22    N180 G3 X172.376 Y-70.31 I-6. J0.
23    N190 G1 X-165.62
24    N200 Y70.31
25    N210 X172.376
26    N220 X182.98 Y59.706
27    N230 Y-59.706
28    N240 X172.376 Y-70.31
29    N250 X172.176
30    N260 G3 X166.176 Y-76.31 I0. J-6.
31    N270 G1 G40 Y-80.31
```

图 2-89　NC 程序

3）编程完成后将所有操作工序确认无误后填写好程序单，交到 CNC 车间安排加工。
（CNC 程序单模板见附录，仅供参考。）

2.3.7　工程师经验点评

通过支撑板的实例编程学习，并根据光盘提供的模型文件练习编程，深刻理解支撑板实例的加工思路。现总结如下：

1）可以把刀具群组名称修改为工序号等，例如 10、粗加工等，便于分类管理和查看。

2）在粗铣时用到了 ϕ20 HSS 立铣刀普通刀具，在实际加工中提倡精益生产，不是说生产中使用最贵的刀具就是最好的，应根据产品技术要求选择合适的刀具即可。

3）程序编制过程中，没有提出图样尺寸和公差等，是想告诉读者编程思路要开阔，尺寸、公差需要根据实际图样要求，补正方式选为"磨损"，目的是让程序中带有刀补半径补偿 G41/G42，实际生产过程中刀具会磨损，方便操作者进行刀具半径磨损补偿。

4）精镗流道孔时，要注意镗刀的准停方向，读者可以调整系统参数来控制主轴准停的角度，最终确定镗刀的安装方向。

5）支撑板的夹具方面提供示意图，读者根据实际情况进行夹具优化，可以做成气动或液压夹具来提高生产效率。

本 章 小 结

　　本章通过三个简单的案例介绍了 Mastercam 2017 软件的铣削制造全过程，在 2D 产品程序编制方面 Mastercam 2017 堪称 2D 加工之王。在实际生产过程中，会遇到各种各样的产品，从加工工艺来看，每个人的加工思路大不相同，没有固定的模式。在 2D 产品程序编制过程中需要注意以下问题，供大家参考。

　　1）对于多数模型特征不需要实体建模，Mastercam 2017 的二维线框加工方式灵活多变，有面铣、外形铣削、挖槽，还提供斜插、平面多次铣削、倒角等方式，能够满足绝大多数情况下零件的加工并保证精度。

　　2）在零件加工中尺寸和公差是最为关键的，粗、精加工尽量分开，需要保留测量环节，方便精加工时及时补正，精加工的程序需带有刀具补偿。

　　3）编程思路一定要开放，外形铣削不一定只能铣外形，可以用它做面铣加工、挖槽加工、燕尾槽加工、垫环槽加工等，软件只是应用工具，读者可以自由发挥自己的编程思路。

　　4）板类零件一般比较简单，当然也有复杂且工序较多的零件，先确定好加工工艺，然后选择合理的刀具，不是说昂贵的刀具就是最好的，在满足图样技术要求的前提下，从成本、效率、材料综合考虑刀具的选择。

　　5）加工顺序确定好，利用 Mastercam 2017 2D 加工可以随心所欲地编制刀具路径，尽量减少不必要的空刀；工装夹具的设计至关重要，直接影响零件装夹时间和制造精度。

第3章

三维零件加工编程实例

内　容

通过三个实例来分别说明三维零件加工刀具路径的操作过程，以及实用方便的加工技巧。本章详细说明了在 Mastercam 2017 软件中三维零件常用的编程思路和程序生成的详细过程，以及在制订加工策略时，要根据不同的加工对象（加工的表面形状等）创建合适的毛坯，选择不同的刀具、切削参数、走刀路线等，采用灵活多变的加工方法来解决部分三维零件的加工问题。

目　的

通过本章实例讲解，使读者熟悉和掌握用 Mastercam 2017 软件进行三维零件刀具路径的编制，了解相关加工工艺知识。案例中没有把图样尺寸、公差标注出来，基本上适用于粗加工，希望读者在学习过程中，着重注意如何综合运用各种刀路进行数控加工。

3.1　阀体的加工编程

3.1.1　加工任务概述

粗加工一个阀体外形零件，其三维模型如图 3-1 所示。

图 3-1　阀体模型

阀体是阀门中的一个主要零部件，根据压力等级有不同的机械制造方法，例如铸造、锻造等。对这样的加工形状，可以使用 3D 等高分层加工，假设阀体粗车工序已完成，在这个例子中可以利用实体模型及绘制的工艺曲面来进行刀路的编制。

本节加工任务：一道工序共完成 2 个操作，粗加工阀体外形和清角。

3.1.2 编程前的工艺分析

阀体外形粗加工工艺制订见表 3-1。

表 3-1 阀体的加工工艺

工　序	加工内容	加工方式	机　床	刀　具	夹　具
10	粗铣外形	等高外形	三轴立式加工中心	$\phi 63R6$ 圆鼻刀	图 3-2
	清角	等高外形	三轴立式加工中心	$\phi 20R0.8$ 机夹刀	图 3-2

阀体外形粗加工的装夹位置如图 3-2 所示。

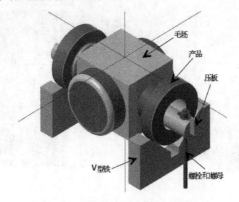

图 3-2　阀体外形粗加工装夹示意

3.1.3 加工模型的准备

1）阀体外形的准备。使用 Mastercam 2017 的 CAD 来建模，绘制过程这里不详细介绍，告诉读者的是绘制思路，首先把阀体旋转的二维线框绘制出来，再利用实体旋转命令把主体做出，然后通过布尔运算求和，最后倒角，如图 3-3 所示。

2）将阀体的中心设为加工坐标系，顶面为 Z 轴零点，如图 3-2 所示。

图 3-3　阀体外形模型

3.1.4 毛坯、刀具的设定

1. 毛坯的设定

1）一般情况毛坯的设定，可以在"机床群组属性"里面的"毛坯设置"选项下进行立方体和圆柱的定义。为了让读者看到模拟仿真达到的真实效果，可以利用 Mastercam 2017 的

CAD 功能把阀体粗车完成的毛坯绘制出来，选择实体模型定义，如图 3-4 所示，阀体材料为 4130 钢件。

> 说明：
>
> 　　铸件、锻件等非基本实体的毛坯可以通过"实体/STL 文件"来设置，先前工序实体仿真结果可保存为 STL 文件或者绘制实体模型，可作为后续工序仿真的毛坯。

　　2）阀体外形粗加工比较简单，但加工效率值得我们研究讨论。一般初学者看到这样的产品，结合毛坯大部分读者都会采用"曲面挖槽加工"+清角，此加工工艺非常浪费时间。现在和大家分享一个简单实用的加工工艺思路，生产效率较高，具体操作如下：

　　第一步：在阀体毛坯顶面提取线框或者绘制毛坯最大轮廓线框，把工艺曲面的线计算好偏置出来（偏置值一般取刀具的 75%左右），共需要偏置多少条曲线呢？一般是控制偏置线最内边的线到阀体 Y 中心线的距离，不超过加工刀具直径（主要目的是避免等高外形加工刀具不和残料发生碰撞），然后把偏置出来的线两端延伸一个粗加工刀具半径，结果如图 3-5 所示。

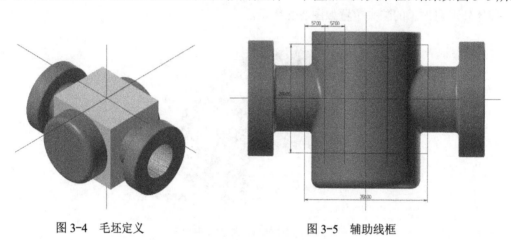

图 3-4　毛坯定义　　　　　　　　　　　图 3-5　辅助线框

　　第二步：把偏置完成的线框利用直纹曲面，把粗加工工艺曲面做好，两边对称，其侧面可以使用拔模曲面（×版本叫牵引曲面）拉伸一定数值，穿过到阀体外形表面；本书阀体需创建两组工艺曲面，读者以后可能遇到形状和尺寸不同的阀体，根据实际情况可能需要创建多组工艺曲面，重点是要知道工艺曲面是做什么用的，然后用不同的颜色把它们分开，方便后续区分和选择，如图 3-6 所示。

图 3-6　工艺曲面

　　第三步：把两组工艺曲面的加工切削范围绘制出来，注意线框宽度应大于刀具直径，如果小于刀具直径，刀具路径是计算不出来的，如图 3-7 所示。

图 3-7　切削范围

注：

在实际编程过程中，经常会遇到需做辅助的工艺曲面曲线，此工作比较烦琐，并且在绘图区会出现很多曲面曲线，为了方便观察和选择，强烈建议读者使用图层把它们命名区分开来，本书并没有详细描述，希望读者可以把图层运用好。

2．刀具的设定

在菜单栏单击"刀路"，选择"刀具管理"命令，显示刀具管理对话框，在列表空白处单击右键，单击"创建新刀具"，依次把 $\phi63R6$ 圆鼻刀、$\phi20R0.8$ 机夹刀全部创建好，如图 3-8 所示。（注意刀具夹持长度。）

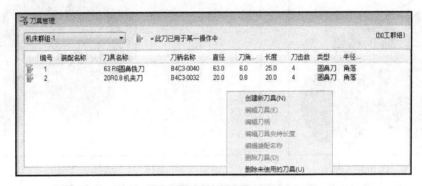

图 3-8　刀具管理器

强烈建议读者把常用的刀具一次创建好，做一个刀库文件方便以后编程直接使用，可提高编程效率。

3.1.5　编程详细操作步骤

1．阀体粗铣外形（工序 10）

1）在菜单栏单击"机床"，选择"铣床"命令下的"管理列表"，选择"GENERIC HAAS 3X MILL MM. MCAM-MM"三轴立式加工中心，单击"增加"，单击"　✓　"确认，如图 3-9 所示。

图3-9　选择机床文件

2）在菜单栏单击"刀路"，选择 3D"等高"图标 ，弹出"选择加工曲面"对话框，选择第一组加工工艺曲面，如图3-10 所示；弹出"刀路曲面选择"对话框，选择"干涉面"，单击阀体实体，如图3-11 所示；选择"切削范围"；串连创建好线框，如图3-12 所示。

图3-10　选择加工曲面

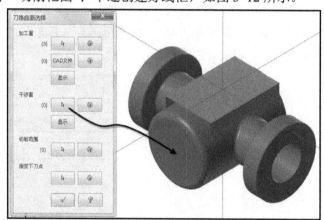

图3-11　选择干涉面

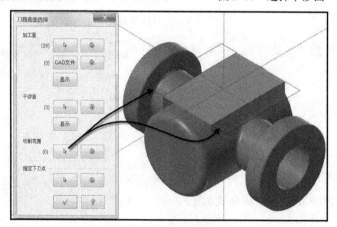

图3-12　设置切削范围

3）选择好加工曲面、干涉面、切削范围后单击"✓"确定，软件系统会自动弹出"高速曲面刀路-等高"对话框；单击"刀具"选项卡，选择已建好的刀具ϕ63R6圆鼻刀，设定主轴转速：1000、进给速率：3500.0、下刀速率：100.0、刀号：1、刀长和半径补正：1，如图3-13所示。（读者可以在刀具列表空白处右击新建各种刀具。）

注：

本书中所有的切削参数包括刀具转速、进给速率、背吃刀量等，受机床的刚性、夹具、工件材料和刀具材料的影响，设定的切削参数差异很大，本例所设切削参数仅供参考。

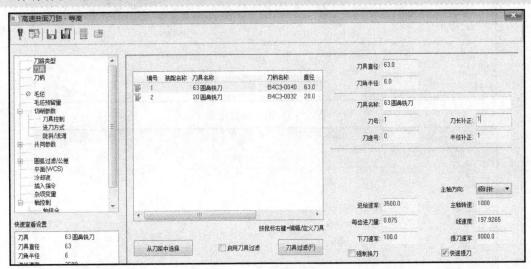

图3-13 设置刀具参数

4）单击"毛坯预留量"选项卡，进行参数的设置。将"壁边预留量"和"底面预留量"设为0.0，"干涉面预留量"设为1.0，其目的是防止过切，如图3-14所示。

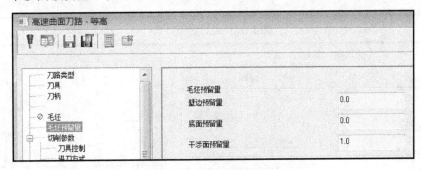

图3-14 毛坯预留量设置

5）单击"切削参数"选项卡，进行加工参数的设置。将"切削方向"设为"双向"，"切削排序"点选"最佳化"，"分层深度"设为0.35，其余参数默认，如图3-15所示；将"进刀方式"选项卡的"两区段间路径过滤方式"设为"直线"，如图3-16所示。

6）单击"共同参数"选项卡，将"提刀高度"的"安全高度"设为50.0，点选"绝对坐标"，提刀方式为"完整垂直提刀"；将"进/退刀"的，"直线进刀/退刀"设为1.0，"垂直进刀圆弧"设为 0.0,"垂直退刀圆弧"设为 0.0,"水平进刀圆弧"设为 0.0,"水平退刀圆弧"设为 0.0,其余参数默认,如图 3-17 所示。

图 3-15　切削参数设置

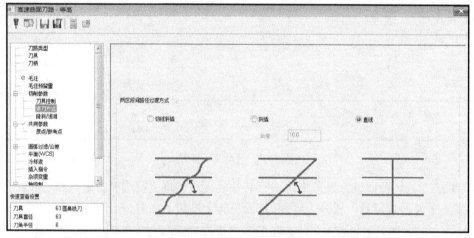

图 3-16　设置进刀方式

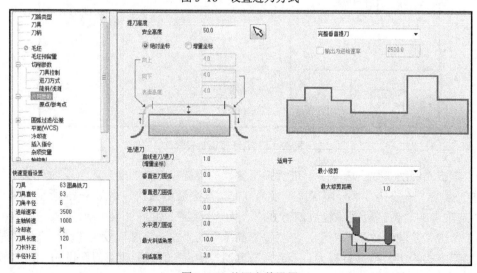

图 3-17　共同参数设置

7）单击"圆弧过滤/公差"选项卡，将"总公差"设为 0.005，勾选"线/圆弧过滤设置"，"最小圆弧半径"设为 0.025，其余参数默认，如图 3-18 所示。（建议读者一次性修改好模板文件，这样就不需要每次设置。）

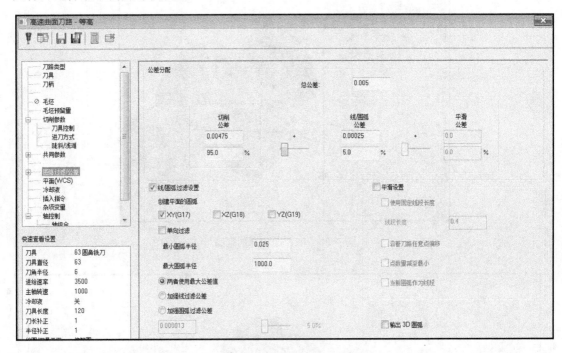

图 3-18　设置圆弧过滤/公差参数

8）参数设置完成单击"　✓　"确认，刀具路径自动生成，如图 3-19 所示。

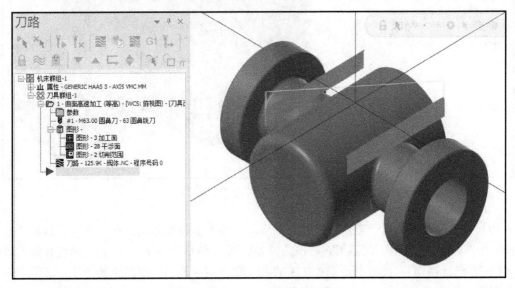

图 3-19　刀具路径

9）在"操作管理器"选择"曲面高速加工（等高）"，使用组合键 Ctrl+C 和 Ctrl+V 进行操作，此时只需要把"加工曲面"和"切削范围"重新选择一下即可，如图 3-20 所示，其余参数默认；重新设置完成后单击" ✓ "确认，刀具路径重新生成，如图 3-21 所示。

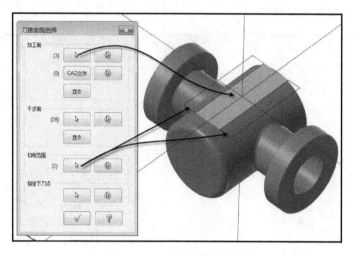

图 3-20　加工面和切削范围

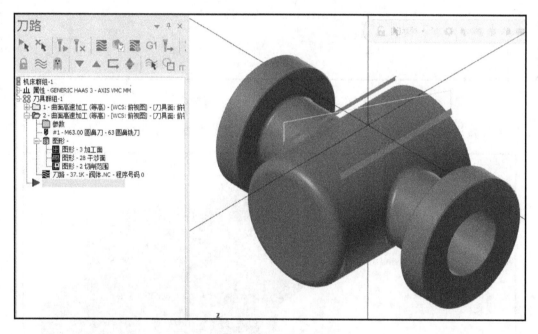

图 3-21　刀具路径

10）以上刀具路径属于工艺开粗，到本步才开始外形等高加工。在"操作管理器"任意选择一个"曲面高速加工（等高）"，右击选择"复制"，然后"粘贴"（或者使用组合键 Ctrl+C 和 Ctrl+V 进行操作）；此时需要把"加工曲面"和"切削范围"重新选择一下，移除"干涉面"即可，如图 3-22 所示；重新设置完成后单击" ✓ "确认，刀具路径重新生成，如图 3-23 所示。

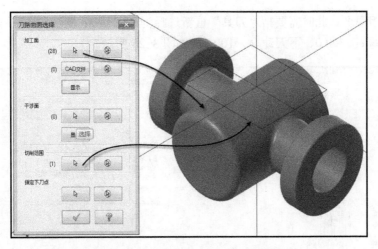

图 3-22　重新选择加工面和切削范围

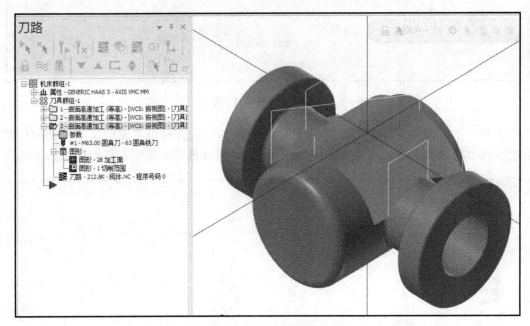

图 3-23　刀具路径

2. 阀体清角

1）在"操作管理器"将鼠标放在"机床群组"附件，右击选择 "群组"选项，单击"新建刀路群组"，然后分别把名称重新命名为"外形加工"和"清角"，如图 3-24 所示。读者可以根据实际需求创建和命名，也可以开始就创建好工序，可方便后期分类管理查看。

2）在"操作管理器"选择"曲面高速加工（等高）"，右击选择"复制"，然后"粘贴"

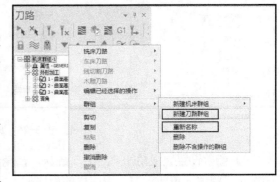

图 3-24　新建刀路群组

到"清角"群组里面；此时需要把"刀具"重新选择为"$\phi 20R0.8$ 机夹刀"，并修改主轴转速：2100、进给速率：2500.0、下刀速率：100.0，如图 3-25 所示。

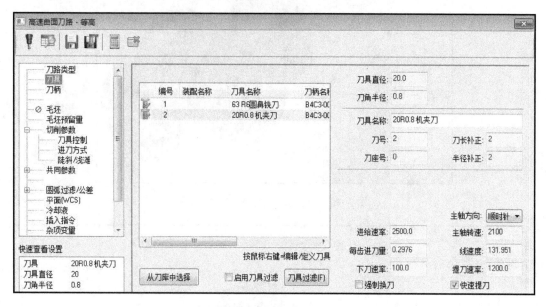

图 3-25　设置刀具参数

3）单击"切削参数"选项卡，单击"陡斜/浅滩"，勾选"使用 Z 深度"，将"最高位置"设定为 -60.0，"最低位置"设为 -157.0，如图 3-26 所示（最高和最低需要有重叠量。）

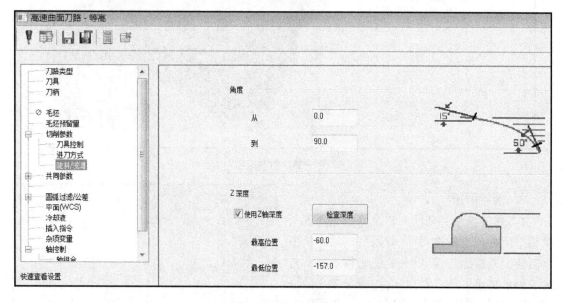

图 3-26　加工深度

4）参数设置完成单击" ✔ "确认，清角刀具路径生成，如图 3-27 所示。其反面加工只需校正阀体，重新对刀使用同样的程序加工即可。

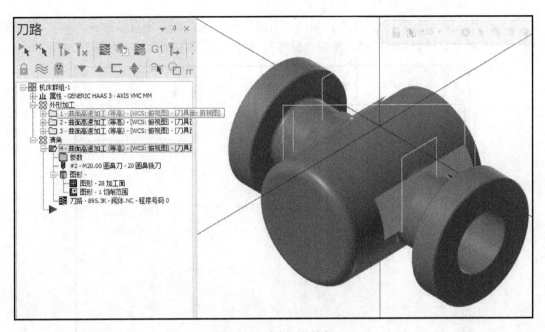

图 3-27   清角刀具路径

3.1.6   NC 仿真及后处理

1）在"操作管理器"中，单击图标"![icon]"选择所有操作，单击验证图标"![icon]"，弹出实体模拟仿真对话框，单击播放图标"![icon]"进行实体模拟仿真，结果如图 3-28 所示。

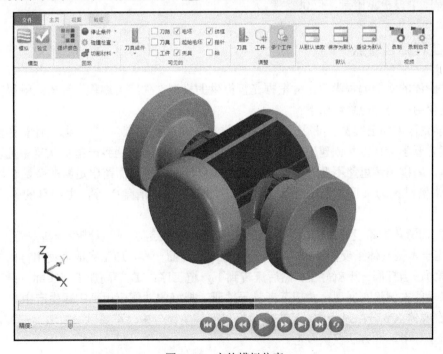

图 3-28   实体模拟仿真

2）使用机床自带的后处理文件，单击"刀路"→" "选择所有操作→" G1 "后处理→" ✓ "确认，选择 NC 路径，单击"保存"，弹出 NC 程序对话框，如图 3-29 所示。

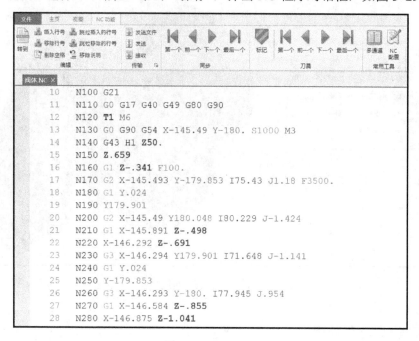

图 3-29　NC 程序

3）编程完成后将所有操作工序确认无误后填写好程序单，交到 CNC 车间安排加工。（CNC 程序单模板见附录，仅供参考。）

3.1.7　工程师经验点评

通过阀体的实例编程学习，并根据光盘提供的模型文件练习编程，深刻理解等高外形铣削加工的使用技巧。现总结如下：

1）学完这个加工案例，可见工艺思路非常重要。本例的难点在于，怎么计算和创建工艺曲面。读者要学会计算和创建工艺曲面的方法，实际工作中会遇到一些形状复杂且表面有凸台的阀体，编程工艺思路不变，只需把工艺曲面设计好，干涉面留出足够的余量即可。

2）本例已把刀具群组名称修改为"外形加工"和"清角"等，主要目的是方便管理和查看。

3）本例清角刀路没有做优化，其加工范围可以重新绘制，可以减少一些空刀。

4）由于本例阀体正反面一样，所以反面程序和正面一样，加工完成后使用打磨机把接刀痕迹及表面适当打磨一下就好了，然后流转到下一道工序；3D 等高加工在实际生产中使用广泛，很多功能本例没有展现，希望读者善于钻研，把好的功能应用到实际生产中。

5）在阀体 XY 分中过程中，X 方向最好以阀体主体分中，不要以法兰边为基准，Y 方向以阀体脖子分中，此方法仅供参考。

3.2 由壬螺母的加工编程

3.2.1 加工任务概述

下面介绍由壬螺母的零件加工，由壬螺母模型如图 3-30 所示。

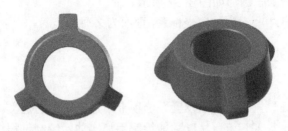

图 3-30　由壬螺母模型

由壬是一种能方便安装拆卸的常用管道连接件，主要由螺母、云头、平接三部分组成。由壬螺母只是其中一个部件，对这样的加工形状，可以使用 3D 等高分层加工。假设由壬螺母精车工序已完成，本例就加工由壬螺母三等分外形。

本节加工任务：两道工序共完成 5 个操作，由壬螺母三等分外形的加工。

3.2.2 编程前的工艺分析

由壬螺母的加工工艺制订见表 3-2。

表 3-2　由壬螺母的加工工艺

工　序	加工内容	加工方式	机　床	刀　具	夹　具
10	由壬螺母正面	等高外形	三轴立式加工中心	$\phi50R6$ 圆鼻刀	自定心卡盘
	调面校正基准	外形铣削	三轴立式加工中心	$\phi50R6$ 圆鼻刀	自定心卡盘
	正面清角	等高外形	三轴立式加工中心	$\phi20R0.8$ 机夹刀	自定心卡盘
20	由壬螺母反面	等高外形	三轴立式加工中心	$\phi50R6$ 圆鼻刀	自定心卡盘
	反面清角	等高外形	三轴立式加工中心	$\phi20R0.8$ 机夹刀	自定心卡盘

由壬螺母的装夹位置如图 3-31 所示。

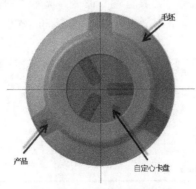

图 3-31　由壬螺母装夹位置

3.2.3　加工模型的准备

1）由壬螺母的准备有 2 种方法。

① 将其他 CAD 软件的图形文件转换到 Mastercam 2017 中。

② 使用 Mastercam 2017 的 CAD 命令绘制，绘制过程这里不详细介绍。由壬螺母加工图形如图 3-32 所示。

2）将由壬螺母内孔中心设为加工坐标系，顶面为 Z 轴原点。

图 3-32　由壬螺母加工图形

3.2.4　毛坯、刀具的设定

1. 毛坯的设定

在"机床群组属性"里的"毛坯设置"选项卡下进行实体的定义。假设毛坯是精车完成的实体，通过 Mastercam 2017 的 CAD 功能绘制毛坯实体，绘制过程这里不详细介绍了，毛坯定义如图 3-33 所示，材料为钢件。

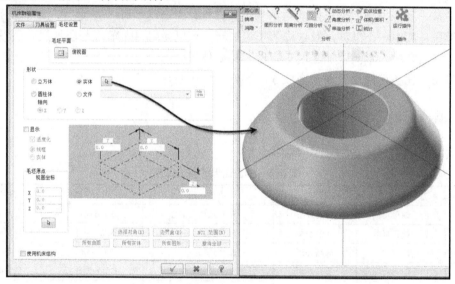

图 3-33　毛坯定义

2. 刀具的设定

在菜单栏单击"刀路"，选择"刀具管理"命令，显示"刀具管理"对话框，在列表空白处单击右键，单击"创建新刀具"，依次把 ϕ50R6 圆鼻刀、ϕ20R0.8 机夹刀全部创建好，如图 3-34 所示。

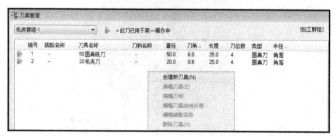

图 3-34　"刀具管理"对话框

3.2.5　编程详细操作步骤

1. 由壬螺母正面（工序 10）

1）在菜单栏单击"机床"，选择"铣床"命令下的"管理列表"，选择"GENERIC HAAS 3X MILL MM.MCAM-MM"三轴立式加工中心，单击"增加"，单击"✓"确认，如图 3-35 所示。

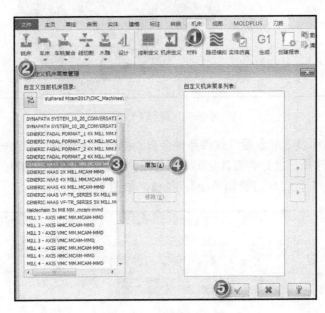

图 3-35　选择机床文件

2）在菜单栏单击"刀路"，选择 3D"等高"图标　，弹出"选择加工曲面"对话框，选择加工曲面如图 3-36 所示，然后再选择"干涉面"，如图 3-37 所示。

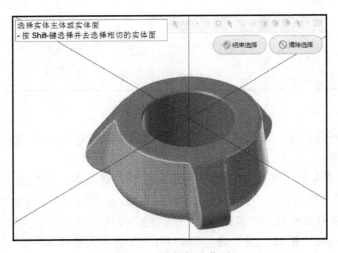

图 3-36　选择加工曲面

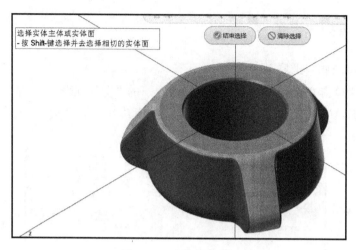

图 3-37　选择干涉面

3）选择加工曲面及干涉面后，软件系统会自动弹出"高速曲面刀路-等高"对话框，单击"刀具"选项卡，选择已建好的刀具ϕ50R6 圆鼻刀，设定主轴转速：1100、进给速率：3500.0、下刀速率：100.0、刀号：1、刀长和半径补正：1，如图 3-38 所示。

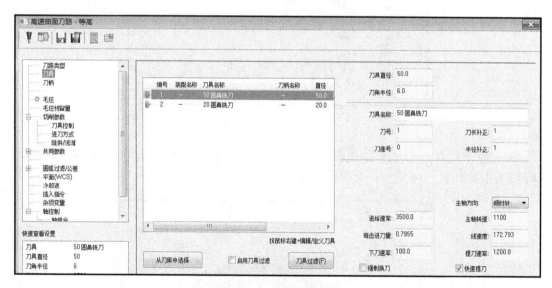

图 3-38　设置刀具参数

4）单击"毛坯预留量"选项卡，将"干涉面预留量"设置为 0.25，目的是保护已完成的表面，如图 3-39 所示。

5）单击"切削参数"选项卡，进行加工参数的设置，将"切削方向"设为"双向"，"切削顺序"点选"最佳化"，"分层深度"设为 0.35，如图 3-40 所示；单击"进刀方式"，两区段间路径过渡方式设置为"直线"；单击"陡斜/浅滩"，勾选"使用 Z 轴深度"，将"最高位置"设定为 0.0，"最低位置"设定为−73.0，其余参数默认，如图 3-41 所示。（注意加工深度要有重叠量。）

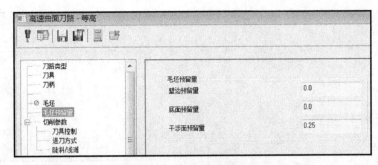

图 3-39　干涉面预留量

图 3-40　设置切削参数

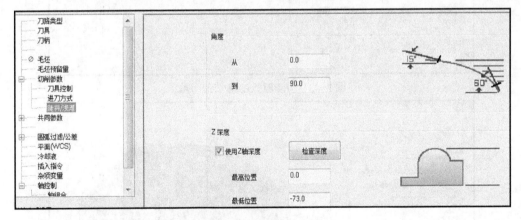

图 3-41　设置加工深度

6）单击"共同参数"选项卡，将"提刀高度"的"安全高度"设为 50.0，点选"绝对坐标"，提刀方式设为"完整垂直提刀"，将"进/退刀"选项的"直线进刀/退刀"设为 0.5、垂直进退刀圆弧设为 0.0，水平进退刀圆弧设为 2.0，其余参数默认，如图 3-42 所示。

7）单击"圆弧过滤/公差"选项卡，将"总公差"设为 0.01，勾选"线/圆弧过滤设置"，"最小圆弧半径"设为 1.0，其余参数默认，如图 3-43 所示。

8）参数设置完成单击"　✓　"确认，刀具路径自动生成，如图 3-44 所示。

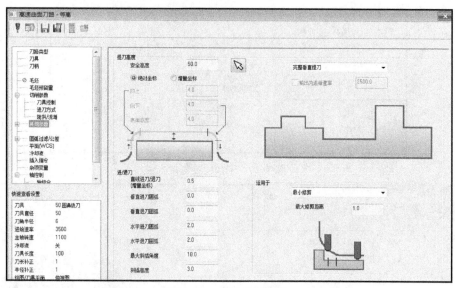

图 3-42　设置共同参数

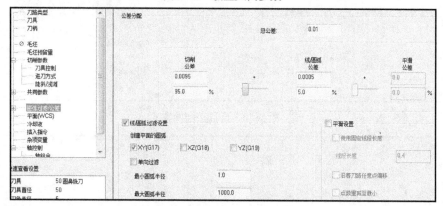

图 3-43　设置圆弧过滤/公差参数

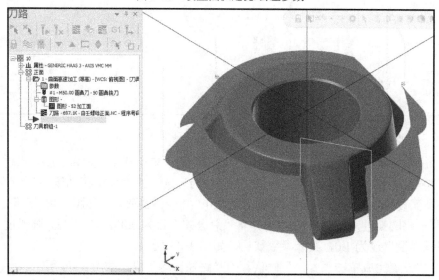

图 3-44　刀具路径

2. 调面校正基准（工序 10）

1）由于由壬螺母底部不能一步加工到位，需要调面进行二次加工。为了让基准统一在绘图区，绘制一条直线作为调面基准边，详细绘制过程这里不作介绍，计算好直线长度和到中心的距离，只要不过切到产品即可，如图 3-45 所示。

2）利用"2D 外形铣削"进行刀路的编制，由于此刀路比较简单，参数设置不作详细介绍。选择"$\phi50R6$ 圆鼻刀"，刀具参数和之前一样，选择基准线，将切削参数的"外形铣削方式"设置为"斜插"，点选"垂直进刀"，"斜插深度"设为 0.35，无进/退刀设置，如图 3-46 所示。单击"共同参数"选项卡，将"安全高度"

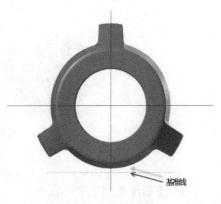

图 3-45　调面基准线

设为100.0，"参考高度"设为50.0，"下刀位置"设为2.0，"工件表面"设为-72.0，"深度"设为-95.0，如图 3-47 所示。

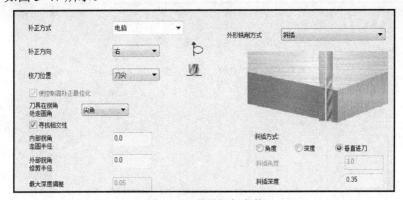

图 3-46　设置切削参数

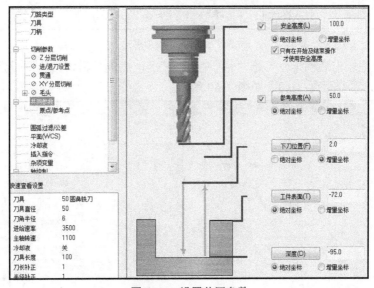

图 3-47　设置共同参数

3）参数设置完成单击"![勾]"确认，刀具路径自动生成，如图3-48所示。

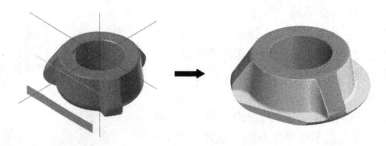

图3-48　调面基准刀路

3. 正面清角（工序10）

1）在"操作管理器"选择"曲面高速加工（等高）"，右击选择"复制"，然后"粘贴"到群组里面；此时需要把"刀具"重新选择为"φ20R0.8机夹刀"并修改"主轴转速"为2100、"进给速率"为2500.0、"下刀速率"为100.0，如图3-49所示。

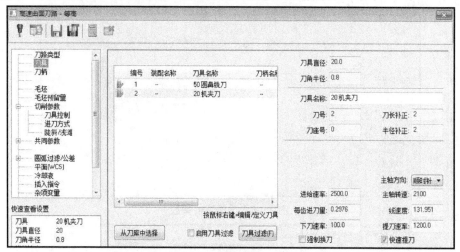

图3-49　设置刀具参数

2）单击"毛坯"选项卡，勾选"基于毛坯加工"，点选"粗切刀具"设定直径：52.0、刀角半径：6.0、重叠距离：0.0，如图3-50所示。

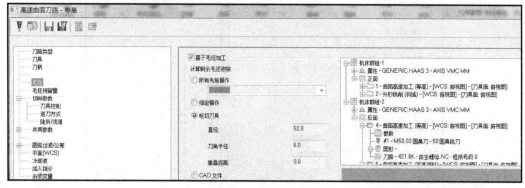

图3-50　参考刀具

3）参数设置完成后单击"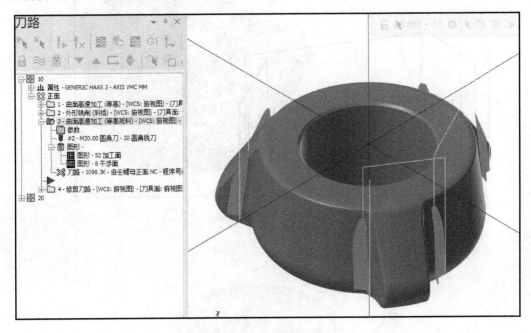"确认,清角刀具路径生成,如图 3-51 所示。其反面加工只需校正阀体,重新对刀使用同样的程序加工即可。

图 3-51　正面清角刀路

4. 由壬螺母反面（工序 20）

1）在"操作管理器"中单击右键,选择"群组"→"新建机床群组"→"铣削",然后分别把机床群组名修改为工序号：10、20、正面、反面,如图 3-52 所示,主要作用是方便管理和查看。

图 3-52　新建机床群组

2）为了和正面工序区分开,需要新建一个反面加工图层,通过菜单栏"转换"功能,先镜像,然后平移到原点,把反面加工图形调整好,如图 3-53 所示。在实际加工中,调面时需要校正基准边,如图 3-54 所示。

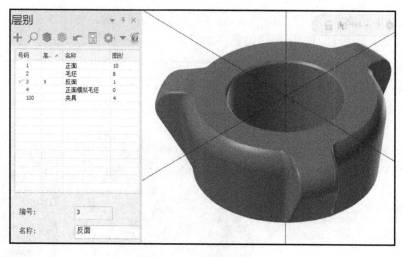

图 3-53　反面加工模型

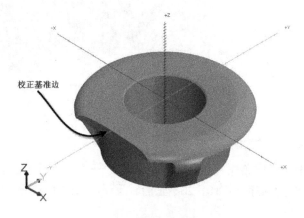

图 3-54　反面校正基准边

3）把正面的曲面高速加工（等高）外形和等高清角刀路复制到反面群组中，此时只需把"加工曲面"重新选择，如图 3-55 所示，"干涉面"重新选择，如图 3-56 所示。

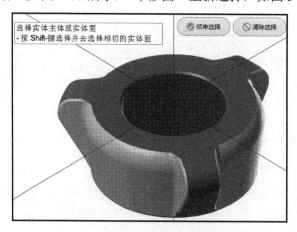

图 3-55　选择加工曲面

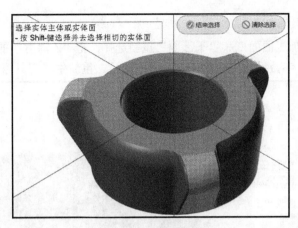

图 3-56　选择干涉面

4）单击"切削参数"→"陡斜/浅滩"，设置"Z 深度"的"最低位置"为-25.0，如图 3-57 所示，其余参数默认（加工深度需要有重叠量）。

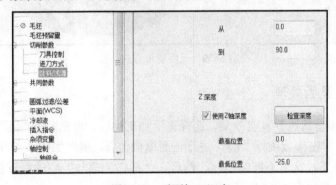

图 3-57　反面加工深度

5）参数设置完成单击"　✓　"确认，重新生成刀具路径，如图 3-58 所示。

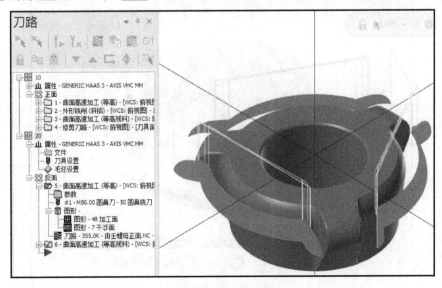

图 3-58　反面刀具路径

5. 反面清角（工序 20）

同样，只需把"加工曲面"和"干涉面"重新选择，把"Z 深度"的"最低位置"设定为 –25，其余参数默认。参数设置完成单击"✓"确认，重新生成刀具路径，如图 3-59 所示。

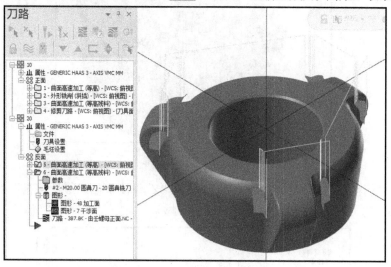

图 3-59　反面清角刀具路径

3.2.6　NC 仿真及后处理

1）为了使模拟仿真达到真实效果，选择正面加工操作。单击验证图标"✓"，弹出实体模拟仿真对话框，单击播放图标"▶"进行正面模拟仿真，结果如图 3-60 所示，保存为 STL 文件，作为反面毛坯，这里不详细描述。然后在"操作管理器"中选择反面加工操作，进行反面模拟仿真，结果如图 3-61 所示。

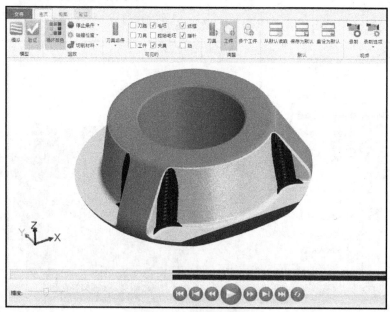

图 3-60　正面模拟仿真

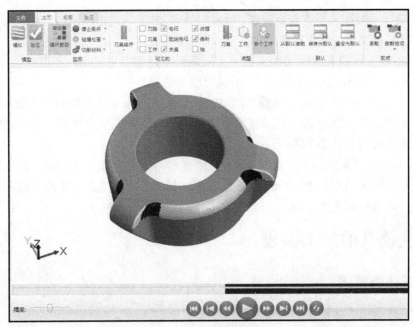

图 3-61　反面模拟仿真

2）使用机床自带的后处理文件，单击"刀路"→" " 选择所有操作→" G1 "后处理→" " 确认，选择 NC 路径，单击"保存"，弹出 NC 程序对话框，如图 3-62 所示。

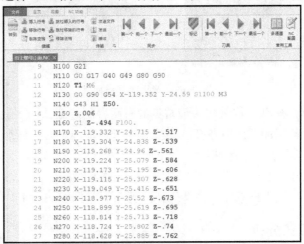

图 3-62　NC 程序

3）编程完成后将所有操作工序确认无误后填写好程序单，交到 CNC 车间安排加工。（CNC 程序单模板见附录，仅供参考。）

3.2.7　工程师经验点评

通过由壬螺母加工实例编程学习，并根据光盘提供的模型文件练习编程，深刻理解等高外形铣削加工技巧。现总结如下：

1）在编程前要先创建好工序号、毛坯、辅助线或面、夹具等，然后再开始编程。

2）由壬螺母一面加工不能满足要求，所以需要调面加工，本例采用留基准边的工艺思路，反面加工时校正基准边，然后再进行加工。（仅供参考）。

3）本例等高外形没有选择切削范围（一般情况下是需要定义切削范围的），因为选择了"干涉面"，且加工范围没有特殊限制，所以可以不选择。

4）由壬螺母批量生产大部分是锻造成形的，单件或几件可以直接加工成形，利用毛坯模型导出 STL 文件进行实体仿真模拟，减少了加工风险，降低了生产周期，加工完成后表面适当打磨一下，流转到下道工序即可。

5）清角刀路的"重叠距离"设为 0.0，原因是参考刀具直径为 52mm，而实际加工使用的刀具直径为 50mm，此时已有 2mm 的重叠距离，目的是不让"重叠距离"选项参与刀路计算，使软件计算刀路的速度更快。

3.3 弯头模具的加工编程

3.3.1 加工任务概述

下面介绍弯头模具的加工，弯头模具模型如图 3-63 所示。

图 3-63 弯头模具模型

直角弯头就是 90°弯头，这种弯头最常见的有两种制造工艺，一是直接用管子推制；二是用钢锭锻打之后上车床加工，但锻打需要模具成形。本例学习如何加工这种锻打模具。对这样的加工形状，可以使用 3D 区域粗切或者曲面挖槽等方法，采用分层工艺加工这个模具。假设弯头模具外形尺寸精磨已完成，本例就加工弯头模具型腔。

本节加工任务：一道工序共完成 7 个操作，弯头模具型腔的加工。

3.3.2 编程前的工艺分析

弯头模具的加工工艺制订见表 3-3。

表 3-3 弯头模具的加工工艺

工 序	加 工 内 容	加 工 方 式	机 床	刀 具	夹 具
	型腔开粗	区域粗切	三轴立式加工中心	$\phi21R0.8$ 机夹刀	平口钳
	残料毛坯计算	毛坯模型	三轴立式加工中心		平口钳
	型腔残料	残料加工	三轴立式加工中心	$\phi10R0.8$ 机夹刀	平口钳
10	平面精铣	平面精修	三轴立式加工中心	$\phi10$ 平底刀	平口钳
	分模口外形	等高外形	三轴立式加工中心	$\phi10R0.8$ 机夹刀	平口钳
	型腔两端精铣	等高外形	三轴立式加工中心	$\phi6$ 平底刀	平口钳
	型腔精铣	平行加工	三轴立式加工中心	$R3$ 球刀	平口钳

弯头模具的装夹位置如图 3-64 所示。

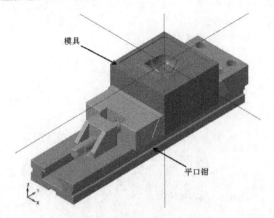

图 3-64　弯头模具装夹示意图

3.3.3　加工模型的准备

1）弯头模具的模型准备有 2 种方法。

① 将其他 CAD 软件的图形文件转换到 Mastercam 2017 中。

② 使用 Mastercam 2017 的 CAD 命令绘制，绘制过程这里不详细介绍，主要使用了实体拉伸、旋转、布尔运算、实体拔模等命令，弯头模具加工图形如图 3-65 所示。

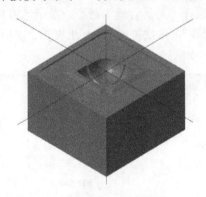

图 3-65　弯头模具模型

2）将弯头模具中心设为加工坐标系，顶面为 Z 轴原点。

3.3.4　毛坯、刀具的设定

1. 毛坯的设定

在"机床群组属性"的"毛坯设置"选项卡下进行立方体的定义，单击"所有实体"，软件自动捕捉立方体长、宽、高，单击"　✓　"确认即可，毛坯定义如图 3-66 所示，材料为钢件。

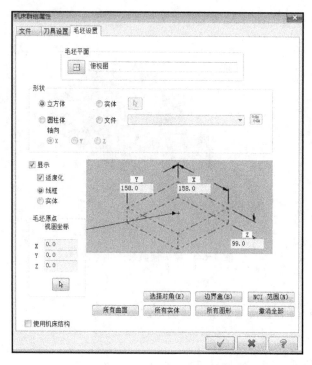

图 3-66 毛坯定义

2. 刀具的设定

在菜单栏单击"刀路",选择"刀具管理"命令,显示"刀具管理"对话框,在列表空白处单击右键,单击"创建新刀具",依次把$\phi21R0.8$ 机夹刀、$\phi10R0.8$ 机夹刀、$\phi10$ 平底刀、$\phi6$ 平底刀、$R3$ 球刀全部创建好,如图 3-67 所示。

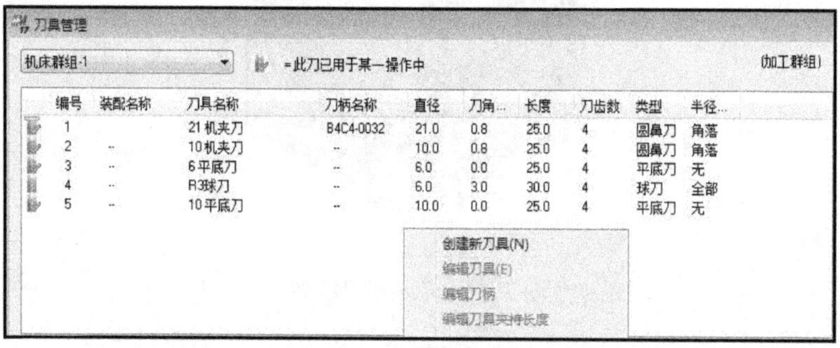

图 3-67 刀具管理器

3.3.5 编程详细操作步骤

1. 型腔开粗(工序 10)

1)在菜单栏单击"机床",选择"铣床"命令下的"管理列表",选择"GENERIC HAAS 3X MILL MM.MCAM-MM"三轴立式加工中心,单击"增加",单击"√"确认,如图 3-68 所示。

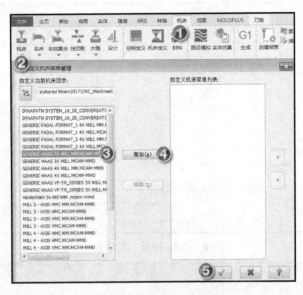

图 3-68　选择机床文件

2）在菜单栏单击"刀路"，选择 3D"区域粗切"图标 ，弹出"选择加工曲面"对话框，选择加工曲面，单击整个实体，然后选择"切削范围"串连实体边框，如图 3-69 所示。

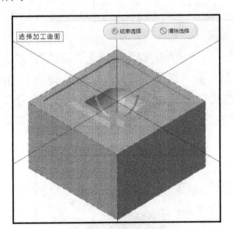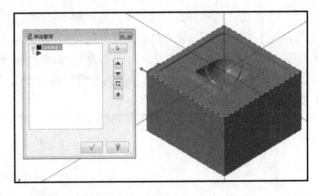

图 3-69　选择加工曲面

3）选择加工曲面及切削范围后，系统会自动弹出"高速曲面刀路—区域粗切"对话框，单击"刀具"选项卡，选择已建好的 ϕ21R0.8 圆鼻刀，设定主轴转速：2300、进给速率：3000.0、下刀速率：100.0、刀号：1、刀长和半径补正：1，如图 3-70 所示。

选用 ϕ21R0.8 柄部为 ϕ20 的圆鼻刀，当刀片有磨损时，加工到一定深度可以有效地防止刀杆与壁边发生摩擦，原理就是头大尾小方便排屑。

4）单击"毛坯预留量"选项卡，将壁边和底面预留量设置为 0.35，作为半精加工和精加工预留量，如图 3-71 所示。

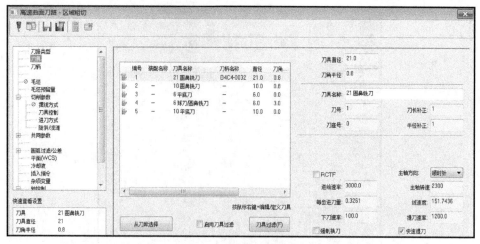

图 3-70　设置刀具参数

图 3-71　设置毛坯预留量

5）单击"切削参数"选项卡，进行加工参数的设置。将"切削方向"设置为"顺铣"，点选"切削排序最佳化"，设"分层深度"为0.3，"XY 步进量"的"切削距离（直径%）"设为55.0，如图 3-72 所示；"摆线方式"点选"关"；单击"进刀方式"选项，点选"螺旋进刀"，"半径"设为7.0，"Z 高度"设为2.0，"进刀角度"设为2.0，"进刀使用进给"点选"下刀速率"，其余参数默认，如图 3-73 所示。

图 3-72　设置切削参数

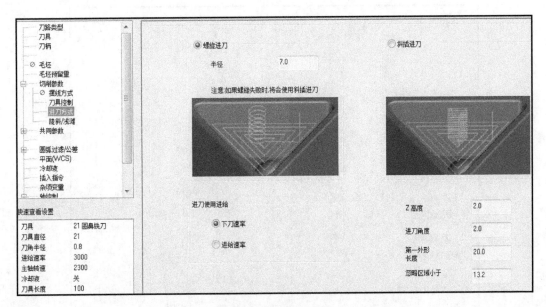

图 3-73　设置进刀方式

6）单击"共同参数"选项卡，将"提刀高度"的"安全高度"设为 50.0，点选"绝对坐标"，提刀方式为"完整垂直提刀"，将"进/退刀"的，"直线进刀/退刀"设为 0.5、垂直进退刀圆弧设为 0.0，其余参数默认，如图 3-74 所示。

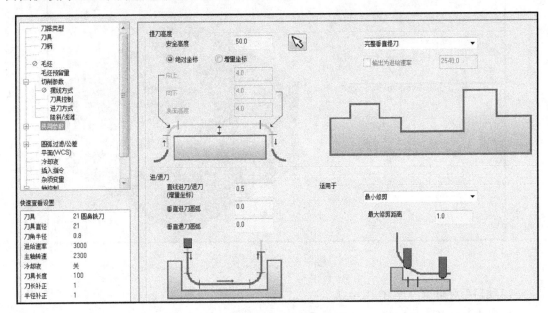

图 3-74　设置共同参数

7）单击"圆弧过滤/公差"选项卡，将"总公差"设为 0.01，勾选"线/圆弧过滤设置"，"最小圆弧半径"设为 0.05，其余参数默认，如图 3-75 所示。

8）参数设置完成单击" $\boxed{\checkmark}$ "确认，刀具路径自动生成，如图 3-76 所示。

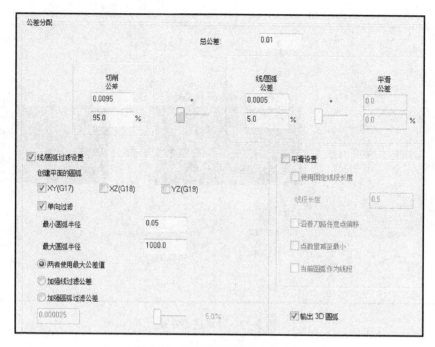

图 3-75 设置圆弧过滤/公差参数

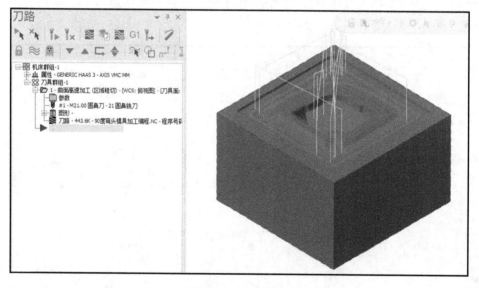

图 3-76 刀具路径

2. 残料毛坯计算（工序 10）

1）在菜单栏单击"刀路"，工具选项选择"毛坯模型"图标 ，弹出"毛坯模型"对话框，把"名称"设为"粗加工毛坯 1"（仅供参考，读者可以自定义），最粗毛坯形状。单击"毛坯设置"，软件系统自动捕捉立方体参数，如图 3-77 所示。单击"原始操作"选项，勾选"曲面高速加工（区域粗切）"，如图 3-78 所示。

2）参数设置完成后单击" ✓ "确认，毛坯模型自动生成，如图 3-79 所示。

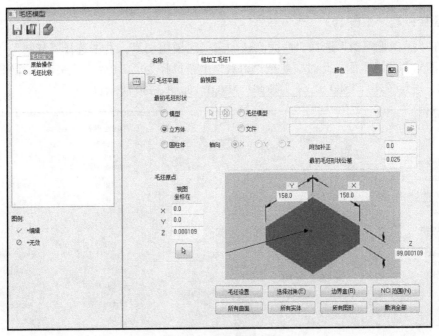

图 3-77　毛坯模型定义

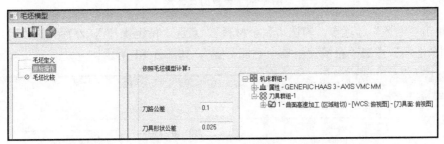

图 3-78　原始操作

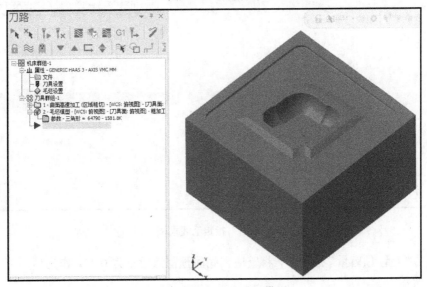

图 3-79　粗加工后毛坯模型

3. 型腔残料（工序 10）

1）在"操作管理器"选择"曲面高速加工（区域粗切）"，右击选择"复制"，然后"粘贴"到"清角"群组里面；此时需要把"刀具"重新选择为"ϕ10R0.8 机夹刀"并修改主轴转速：2800、进给速率：1500.0、下刀速率：100.0，如图 3-80 所示。

图 3-80　设置刀具参数

2）单击"毛坯"选项卡，勾选"剩余材料"，点选"指定操作"，然后勾选"毛坯模型"，"调整剩余毛坯"点选"直接使用剩余毛坯范围"，如图 3-81 所示。

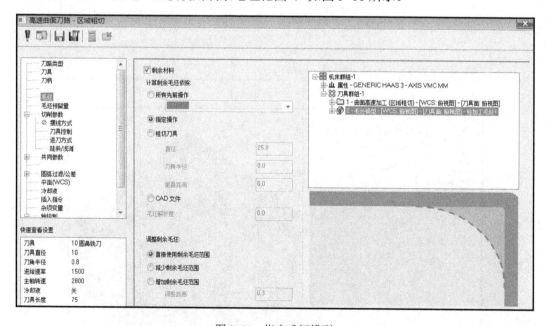

图 3-81　指定毛坯模型

3）单击"毛坯预留量"选项卡，将壁边和底面预留量设置为 0.25，作为精加工的预留量，如图 3-82 所示。

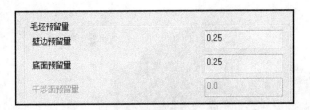

图 3-82　毛坯预留量设置

4）单击"切削参数"选项卡，进行加工参数的设置。将"分层深度"设为0.2，"XY 步进量"的"切削距离（直径%）设为45.0，如图3-83所示；单击"进刀方式"选项，点选"螺旋进刀"，"半径"设为3，其余参数默认。

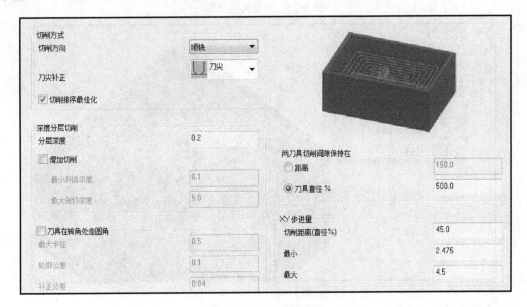

图 3-83　设置切削参数

5）单击"切削参数"→"陡斜/浅滩"选项卡里面的"Z 深度"，将"最高位置"设为–0.5，"最低位置"设为–22.5，如图3-84所示。（最高位置设为–0.5，是因为分模口比分模面低0.5，目的是减少不必要的空刀路。）

图 3-84　加工深度

6）重新选择"切削范围"，如图3-85所示，参数设置完成单击" ✓ "确认，刀具路径自动生成，如图3-86所示。

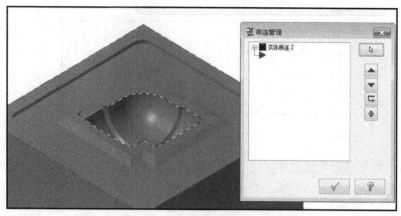

图 3-85　设置切削范围

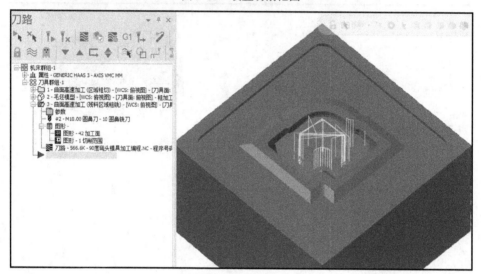

图 3-86　刀具路径

4. 平面精铣（工序 10）

1）在菜单栏单击"刀路"，选择 3D "挖槽"图标 ，弹出"选择加工曲面"对话框，选择加工曲面，单击整个实体，然后选择"切削范围"串连实体边框，如图 3-87 所示。

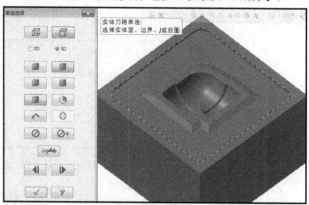

图 3-87　设置加工曲面和切削范围

2）选择加工曲面及切削范围后，软件系统会自动弹出"曲面粗切挖槽"对话框，单击"刀具参数"选项卡，选择已建好的刀具φ10 平底刀，设定主轴转速：1500、切削速率：250.0、下刀速率：100.0、刀号：3、刀长和半径补正：3，如图 3-88 所示。

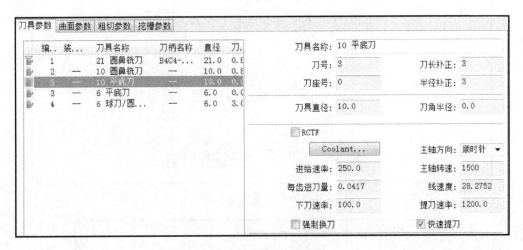

图 3-88　设置刀具参数

3）单击"曲面参数"选项卡，勾选"安全高度"，设为 50.0；勾选"参考高度"，设为 25.0，"下刀位置"设为 2.0，如图 3-89 所示。

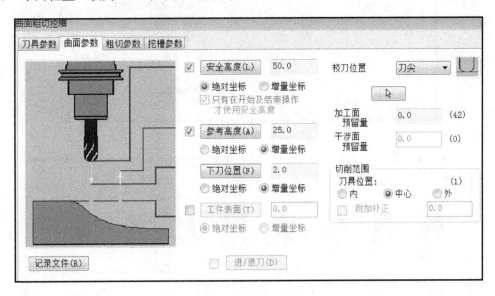

图 3-89　设置曲面参数

4）单击"粗切参数"选项卡，勾选"螺旋进刀"和"铣平面"，平面铣削加工参数根据需求可以自定义，如图 3-90 所示。将"螺旋进刀"的"最小半径"设为 20.0%、"最大半径"设为 50.0%、"Z 间距（增量）"设为 1.0、"进刀角度"设为 3.0，其余参数默认，如图 3-91 所示。

5）单击"挖槽参数"选项卡，勾选"粗切"，"切削方式"选择"高速切削"，"切削间距"设为 75.0，勾选"由内而外环切"，其余参数默认，如图 3-92 所示。

图 3-90 设置粗切参数

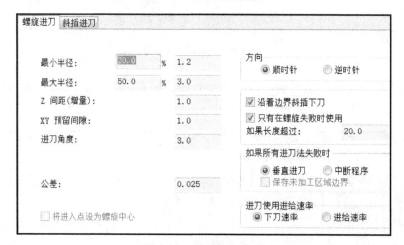

图 3-91 设置螺旋进刀

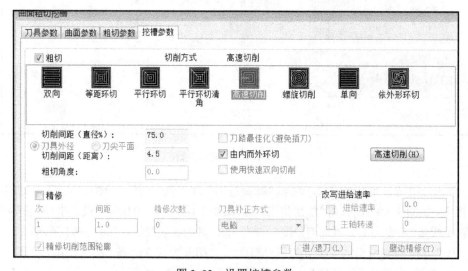

图 3-92 设置挖槽参数

6）参数设置完成单击"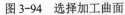"确认，刀具路径自动生成，如图 3-93 所示。

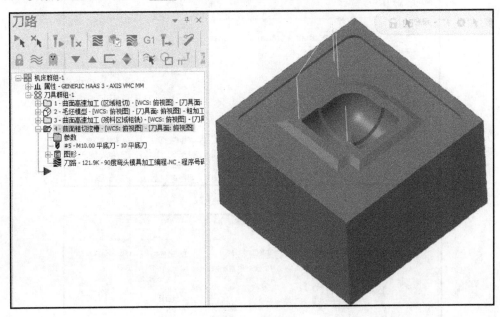

图 3-93　刀具路径

5. 分模口外形（工序 10）

1）在菜单栏单击"刀路"，选择 3D"外形"图标，弹出"选择加工曲面"对话框，选择加工曲面，如图 3-94 所示，然后选择"干涉面"，如图 3-95 所示。

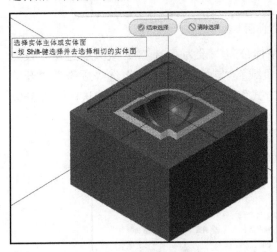

图 3-94　选择加工曲面

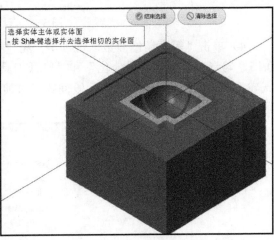

图 3-95　选择干涉面

2）选择加工曲面及干涉面后，软件系统会自动弹出"高速曲面刀路-区域粗切"对话框，单击"刀具参数"选项卡，选择已建好的刀具φ10R0.8 机夹刀，设定主轴转速：2800、切削速率：1500.0、下刀速率：100.0，如图 3-96 所示。

3）单击"曲面参数"选项卡，勾选"安全高度"，设为 50.0；勾选"参考高度"，设为：25.0；"下刀位置"设为 2.0，如图 3-97 所示。

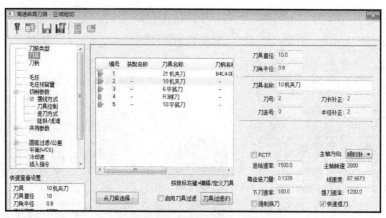

图 3-96　设置刀具参数

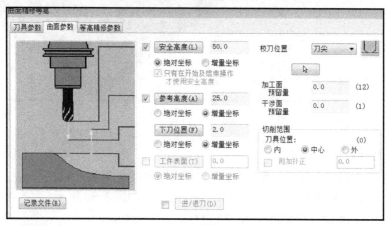

图 3-97　设置曲面参数

4）单击"等高精修参数"选项卡，将"整体公差"设为 0.01，"Z 最大步进量"设为 0.15，勾选"切削排序最佳化"和"降低刀具负载"，"封闭轮廓方向"选"顺铣"，"开放式轮廓方向"选"单向"，"两区段间路径过渡方式"选"打断"，其余参数默认，如图 3-98 所示。

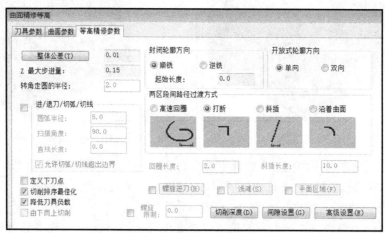

图 3-98　设置等高精修参数

5）参数设置完成单击"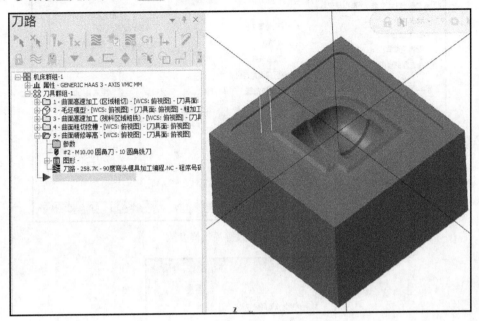"确认，刀具路径自动生成，如图 3-99 所示。

图 3-99　刀具路径

6. 型腔两端精铣（工序 10）

1）在"操作管理器"选择"曲面精修等高"，右击选择"复制"，然后"粘贴"到群组里面；此时需要把"刀具"重新选择为"ϕ6 平底刀"，修改主轴转速为：3500、进给速率：1200.0、下刀速率：100.0，如图 3-100 所示。

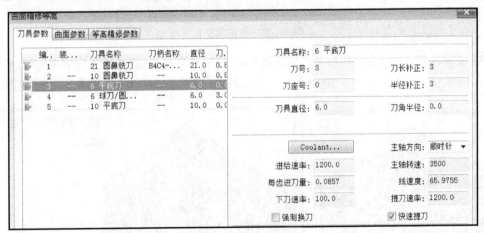

图 3-100　设置刀具参数

2）单击"等高精修参数"选项卡，将"开放式轮廓方向"设为"双向"，其余参数默认，如图 3-101 所示；单击"间隙设置"，弹出"刀路间隙设置"对话框，点选"距离"，设为 7.0（如果步进量或每层切深大于此值时提刀，反之小于此值时可以避免提刀），勾选"两路径间移动使用下刀及提刀速率"等，如图 3-102 所示。

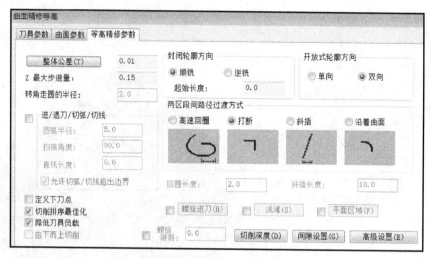

图 3-101　设置等高精修参数

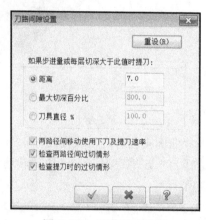

图 3-102　刀路间隙设置

3）重新选择"加工曲面"和"切削范围"，如图 3-103 所示；参数设置完成单击"✓"确认，刀具路径自动生成，如图 3-104 所示。（加工曲面为整个实体，加工范围需要绘制 2 个边框。）

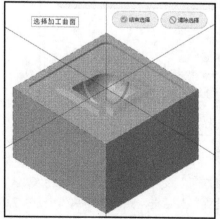
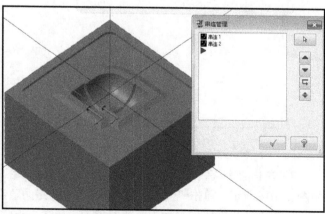

图 3-103　设置加工曲面和切削范围

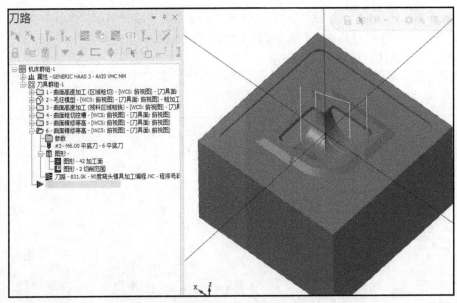

图 3-104　刀具路径

7. 型腔精铣（工序 10）

1）在菜单栏单击"刀路"，选择 3D 精切"平行"图标 ，弹出"选择加工曲面"对话框，选择"加工曲面"和"干涉面"，如图 3-105 所示，然后选择"加工范围"，如图 3-106 所示。

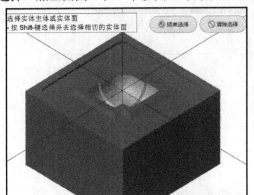 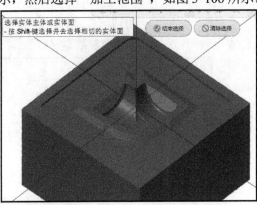

图 3-105　选择加工曲面和干涉面

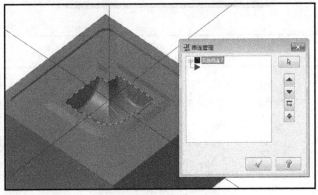

图 3-106　选择加工范围

2）选择加工曲面后，软件系统会自动弹出"高速曲面刀路-平行"对话框，单击"刀具"选项卡，选择已建好的刀具 R3 球刀，设定主轴转速：3600、切削速率：1500.0、下刀速率：100.0，其余参数默认，如图 3-107 所示。

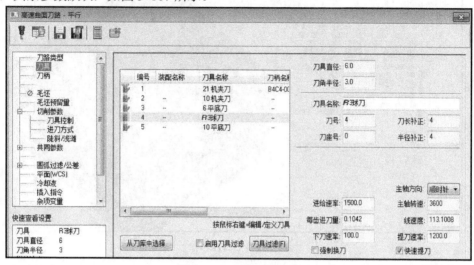

图 3-107　设置刀具参数

3）单击"切削参数"选项卡，进行加工参数的设置。将"切削方向"设置为"双向"，点选"切削排序最佳化"，切削间距为：0.15，如图 3-108 所示；单击"进刀方式"选项，设为"平滑"；单击"陡斜/浅滩"选项，点选"使用 Z 轴深度"，将"最高位置"设为-3.0，"最低位置"设为：-22.5，其余参数默认，如图 3-109 所示。

图 3-108　设置切削参数

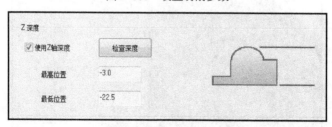

图 3-109　设置加工深度

4）单击"共同参数"选项卡，将"提刀高度"的"安全高度"设为50.0，点选"绝对坐标"，提刀方式设为"完整垂直提刀"；将"进/退刀"的"直线进刀/退刀设为 0.5，垂直进/退刀圆弧设为2.0，其余参数默认，如图 3-110 所示。

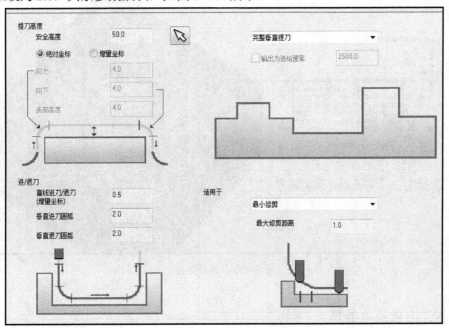

图 3-110　设置共同参数

5）单击"圆弧过滤/公差"选项卡，将"总公差"设为 0.01，勾选"线/圆弧过滤设置"，"最小圆弧半径"设为 0.05，其余参数默认，如图 3-111 所示。

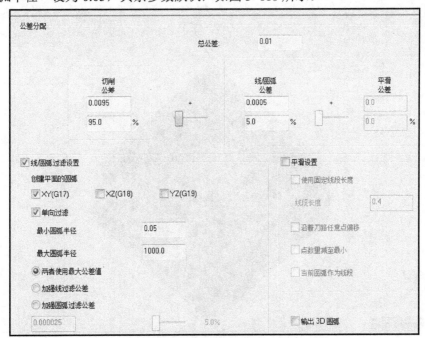

图 3-111　设置圆弧过滤/公差参数

6）参数设置完成单击"　✓　"确认，刀具路径自动生成，如图 3-112 所示。

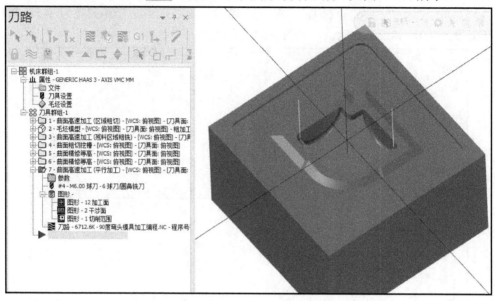

图 3-112　刀具路径

3.3.6　NC 仿真及后处理

1）在"操作管理器"中，单击图标"　　"选择所有操作，单击验证图标"　　"，弹出实体模拟仿真对话框，单击播放图标"　▶　"进行实体模拟仿真，结果如图 3-113 所示。

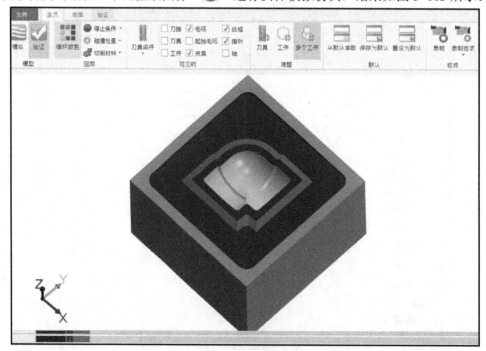

图 3-113　模拟仿真

2）使用机床自带的后处理文件，单击"刀路"→" "选择所有操作→" G1 "后处理→" "确认，选择 NC 路径，单击"保存"，弹出 NC 程序对话框，如图 3-114 所示。

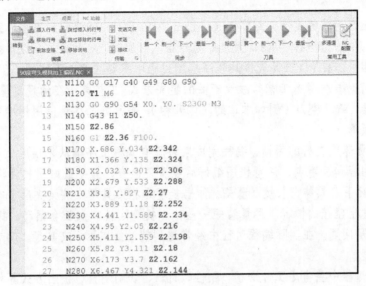

图 3-114　NC 程序

3）编程完成后将所有操作工序确认无误后填写好程序单，交到 CNC 车间安排加工。（CNC 程序单模板见附录，仅供参考。）

3.3.7　工程师经验点评

通过弯头模具加工实例编程学习，并根据光盘提供的模型文件练习编程，深刻理解等区域粗切加工、残料加工等技巧。现总结如下：

1）刀路顺序：大刀开粗（曲面挖槽）→小刀二次开粗（残料加工）→平底刀或球刀精加工（平行精加工等），因模具复杂程度和精度要求不一样，所以加工工艺有所不同。开粗尽量使用较大的圆鼻刀，切记开粗一定要留余量，一般情况开粗留 0.3～0.5mm，半精加工留 0.15～0.25mm，最好根据材料决定。

2）残料加工中使用了毛坯模型功能，利用毛坯与模型的对比创建残料刀路进行计算，把毛坯去除开粗的刀路直接显示模拟残料刀路，除此之外毛坯模型还有模型对比、导出 STL 文件等功能。

3）在平行精加工中加工起始深度为–3mm，该值等于球刀半径，目的是避免刀路路径在分模面过切。

4）本例运用曲面挖槽铣底平面，按照正常的思路做法是提取曲线，如果曲线多时将非常费时且麻烦，而运用曲面挖槽加工平面就不用提取曲线了。当然还有很多方法加工底平面，此方法仅供参考。

5）弯头模具形状不是特别复杂，型腔也不是特别深，所以书中并没有提到刀柄，读者在做复杂模具或者产品时可以使用该功能，可以避免不必要的碰撞及检测刀具最短夹持长度。做五轴刀路时，刀柄是非常重要的一个环节。

本 章 小 结

本章通过三个简单的案例介绍了 Mastercam 2017 软件 3D 曲面加工程序编制的全过程。3D 曲面加工工艺有一定规律可循，大致分为开粗、中加工、精加工，一般根据图样的要求满足客户的需求即可。在 3D 产品或模具程序编制过程中需要注意以下问题，供大家参考。

1）拿到图样时首先考虑工艺路线及产品的装夹方式，工艺路线在满足质量要求的情况下，编程思路要简洁，避免空刀（例如本章的阀体开粗），夹具方面尽量使用标准夹具，比如平口钳、卡盘、压板等。

2）编程员要养成良好的习惯，编程完成后将所有编程工序确认无误后填写好程序单，要交代清楚加工内容和注意点。注意程序编好后要反复检查，新手最好用软件模拟一下。

3）一般情况下刀具伸出长度尽量短。伸出长度是指刀具用夹头装夹后留在刀夹头外的长度，在确保不发生碰撞的情况下尽量装短一些，以提高刚性，太长会摆动、振刀。

4）关于图层问题，在实际编程过程中经常遇到辅助线或面、夹具等，读者要善于运用图层进行分类管理。

5）在铣削过程中要考虑工件形状、刚性、材料、切削用量、铣削方式等相关因素之间的关系，选择最恰当的铣削方案进行加工。3D 加工最常用的加工刀路有曲面挖槽、区域粗切、等高、平行、熔接、投影、流线等。

第**4**章

孔类零件加工编程实例

内 容

通过三个实例来分别说明孔类零件加工刀具路径的操作过程，同时对相关的数控工艺知识做必要的介绍。在各类机械零件中孔类零件是比较常见的，Mastercam 2017 软件的铣削制造模块可以高效、快速地编制孔类零件的加工程序。

目 的

通过本章实例讲解，使读者熟悉和掌握用 Mastercam 2017 软件进行孔类零件刀具路径的编制，了解相关孔加工工艺知识和编程思路。三个实例在企业实用价值较高，希望读者在学习过程中着重注意如何综合运用各种刀路和工艺思路进行数控加工。

4.1 钻模孔的加工编程

4.1.1 加工任务概述

下面介绍钻模孔的加工，其三维模型如图 4-1 所示。

图 4-1　钻模孔模型

钻模是引导刀具在工件上钻孔或铰孔用的机床夹具。对这样的加工形状，可以使用全圆铣削分层加工或者线切割加工。假设钻模孔精车工序已完成，在这个例子中绘制二维线框图形来进行刀路的编制。

本节加工任务：一道工序共完成 2 个操作，粗精铣孔。

4.1.2 编程前的工艺分析

钻模孔的加工工艺制订见表 4-1。

表 4-1 钻模孔的加工工艺

工 序	加工内容	加工方式	机 床	刀 具	夹 具
10	粗铣	全圆铣削	三轴立式加工中心	$\phi25R0.8$ 机夹刀	自定心卡盘
	精铣	全圆铣削	三轴立式加工中心	$\phi16$ 立铣刀	自定心卡盘

钻模孔的装夹位置如图 4-2 所示（注意钻模下面要避空，防止加工到卡盘）。

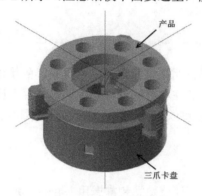

图 4-2　钻模孔装夹示意图

4.1.3 加工模型的准备

1）钻模孔的模型准备。使用 Mastercam 2017 的 CAD 命令，主要用圆周点、圆、拉伸等命令来绘制，详细的过程这里不作介绍。（本实例程序编制不需要拉伸实体。）

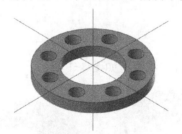

图 4-3　钻模孔加工模型

2）将钻模孔的中心设为加工坐标系，钻模孔上表面为 Z 轴原点。

4.1.4 毛坯、刀具的设定

1. 毛坯的设定

在"机床群组属性"里的"毛坯设置"选项下进行圆柱体的定义，圆柱直径为 340.00000，高度为 34.0，毛坯 Z 轴原点为"-34.0"，如图 4-4 所示，或者选择"所有实体"自动实体捕捉参数，钻模孔材料为 45 钢。

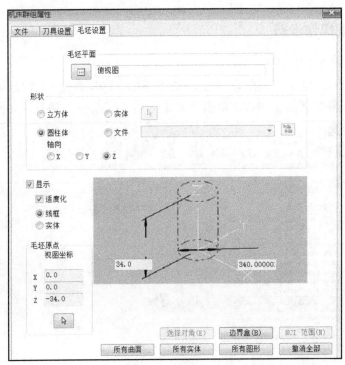

图 4-4　毛坯定义

> **说明：**
>
> 立方体毛坯可通过"边界盒/选择对角/所有实体/所有曲面/所有图形"来设置；
> 圆柱体毛坯可通过"边界盒/所有实体/所有曲面/所有图形"来设置；
> 铸件、锻件等非基本实体的毛坯可以通过"实体/STL 文件"来设置；
> 先前工序实体仿真结果可保存为 STL 文件，作为后续工序仿真的毛坯。

2. 刀具的设定

在菜单栏单击"刀路"→选择"刀具管理"命令，显示"刀具管理"对话框，在列表空白处单击右键，单击"创建新刀具"，依次把 $\phi 25R0.8$ 机夹刀、$\phi 16$ 立铣刀全部创建好，如图 4-5 所示。

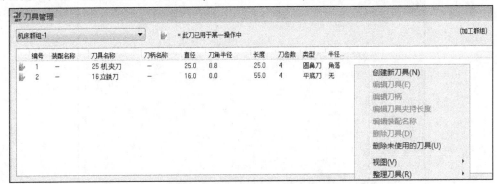

图 4-5　"刀具管理"对话框

> 建议读者把常用的刀具一次性创建好，做一个刀库文件，方便以后编程直接使用，提高编程效率。

4.1.5　编程详细操作步骤

1. 钻模孔粗铣（工序 10）

1）在菜单栏单击"机床"，选择"铣床"命令下的"管理列表"，选择"GENERIC HAAS 3X MILL-MM"三轴立式加工中心，单击"增加"，单击"　✓　"确认，如图 4-6 所示。

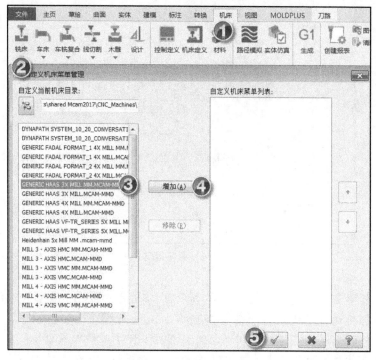

图 4-6　选择机床文件

2）在菜单栏单击"刀路"，选择 2D 孔加工"全圆铣削"图标◎，弹出"选择钻孔位置"对话框，选择加工孔的圆心，如图 4-7 所示。

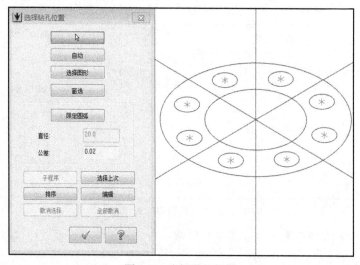

图 4-7　选择孔的位置

3）选择好孔的位置后，软件系统会自动弹出"2D 刀路-全圆铣削"对话框，单击"刀具"选项卡，选择已建好的刀具ϕ25R0.8 机夹刀，设定主轴转速：1800、进给速率：2500.0、下刀速率：100.0、刀号：1、刀长和半径补正：1，如图4-8 所示。

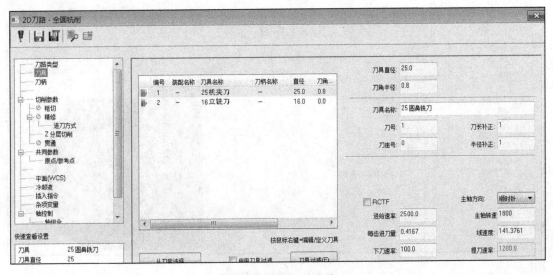

图4-8　设置刀具参数

切削参数包括主轴转速、进给速率、背吃刀量等，受机床的刚性、夹具、工件材料和刀具材料的影响，设定的切削参数差异很大，本例切削参数仅供参考。

4）单击"切削参数"选项卡，进行加工参数的设置。"补正方式"设为"电脑"，"起始角度"设为"90.0"，"壁边预留量"设为 0.25，"底面预留量"设为"0.0"，其余参数默认，如图4-9 所示。

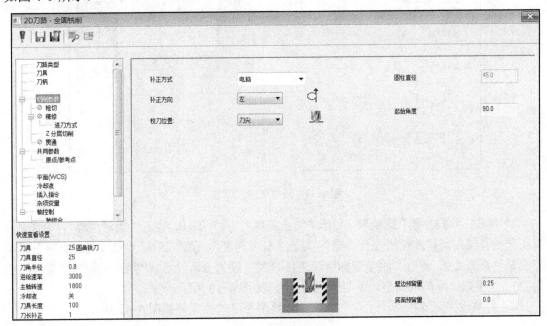

图4-9　设置切削参数

5）选择"切削参数"选项卡，单击"进刀方式"选项，勾选"进/退刀设置"，将"进退刀圆弧扫描角度"设为180.0，勾选"由圆心开始"，其余参数默认，如图4-10所示。（实际就是铣孔，优点是不需要打预钻孔，缺点是刀片磨损高。）

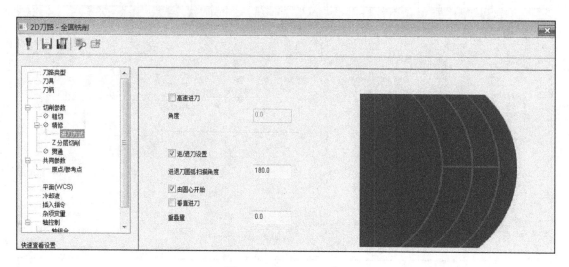

图4-10　设置进刀方式

6）单击"Z分层切削"选项，勾选"深度分层切削"，"最大粗切步进量"设为0.35，勾选"不提刀"，其余参数默认，如图4-11所示。

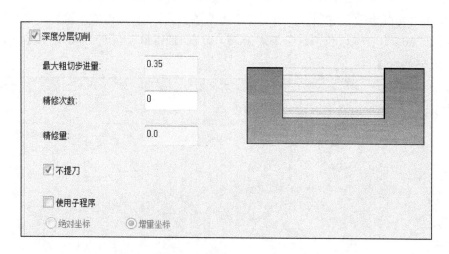

图4-11　设置Z分层切削

7）单击"共同参数"选项卡，勾选"安全高度"，设为50.0，点选"绝对坐标"，勾选"只有在开始及结束操作才使用安全高度"；勾选"参考高度"，设为25.0，点选"绝对坐标"；"下刀位置"设为2.0，点选"增量坐标"；"工件表面"设为0.0，点选"绝对坐标"；"深度"设为-35.5（根据实际情况调整，不要铣到卡盘），如图4-12所示。

8）参数设置完成单击" ✓ "确认，刀具路径自动生成，如图4-13所示。

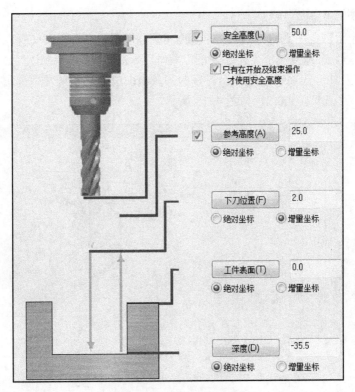

图 4-12　设置共同参数

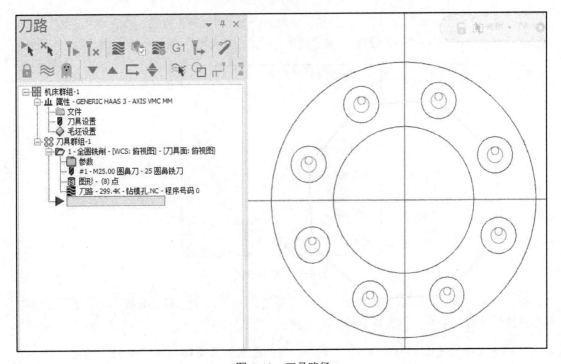

图 4-13　刀具路径

2. 钻模孔精铣（工序 10）

1）在"操作管理器"选择粗加工"全圆铣削"，使用组合键 Ctrl+C 和 Ctrl+V 进行操作，粘贴到操作群组里，选择复制的"全圆铣削"操作，单击"参数"，弹出"2D 刀路-全圆铣削"对话框，单击"刀具"选项卡，选择已建好的刀具 ϕ16 立铣刀，设定主轴转速：1200、进给速率：250.0、下刀速率：500.0，如图 4-14 所示。

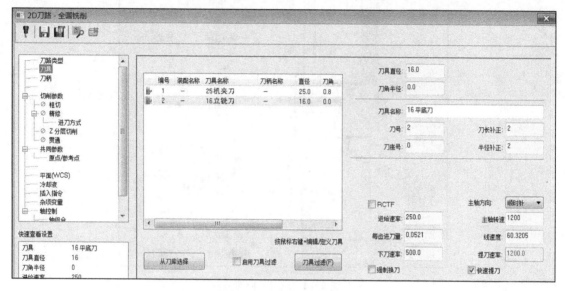

图 4-14　设置刀具参数

2）单击"切削参数"选项卡，进行加工参数的修改。将"补正方式"修改为"磨损"，"壁边预留量"设为 0.0，单击"进刀设置"，将"进退刀圆弧扫描角度"修改为 90.0，如图 4-15 所示。

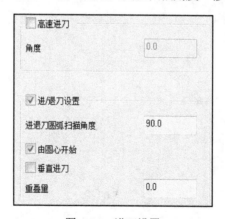

图 4-15　进刀设置

补正方式为"磨损"，其目的是让程序中带有刀补半径补偿 G41/G42，实际生产过程中方便操作者进行刀具半径磨损补偿。

3）参数修改完成后单击" ✓ "确认，重新生成刀具路径，如图 4-16 所示。

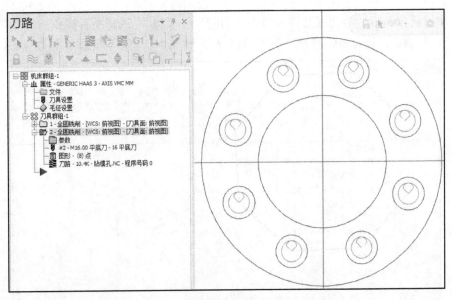

图 4-16　刀具路径

4.1.6　NC 仿真及后处理

1）在"操作管理器"中，单击图标"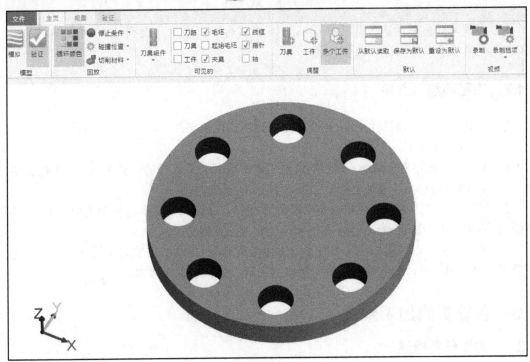"选择所有操作，单击验证图标"＂，弹出实体模拟仿真对话框，单击播放图标"＂进行实体模拟仿真，结果如图 4-17 所示。

图 4-17　实体模拟仿真

2）使用机床自带的后处理文件，单击"刀路"→"🔺"选择所有操作→"G1"后处理→"✓"确认，选择 NC 路径，单击"保存"，弹出 NC 程序对话框，如图 4-18 所示。

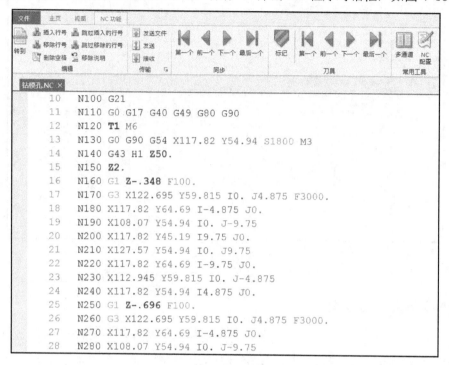

图 4-18　NC 程序

3）编程完成后将所有操作工序确认无误后填写好程序单，交到 CNC 车间安排加工。（CNC 程序单模板见附录，仅供参考。）

4.1.7　工程师经验点评

通过钻模孔的实例编程学习，并根据光盘提供的模型文件练习编程，深刻理解全圆铣削加工技巧。现总结如下：

1）全圆铣削使用方便快捷，编程时需要考虑孔径和刀具直径的计算关系，如果在孔中心进刀，不考虑粗切功能，理论上可以加工 3 倍刀具直径的孔。

2）精加工时，进退刀圆弧扫描角度修改为 90.0，是因为刀具半径补偿 G41/G42 不能和圆弧插补 G02/G03 在同一行，程序在机床运行时会出现报警。

3）粗加工也可以使用 U 钻，加工效率是麻花钻的 2～3 倍。U 钻可直接在工件上加工，无须中心钻打引导孔，刀体前端装有可更换的刀片，降低了使用成本。

4.2　套管头的加工编程

4.2.1　加工任务概述

下面介绍套管头零件的加工，其三维模型如图 4-19 所示。

图 4-19　套管头模型

　　套管头是在陆地或海上进行钻井时，为了支持、固定下入井内的套管柱，安装防喷器组和其他井口装置，用螺扣或法兰盘与套管柱顶端连接并坐落于外层套管的一种特殊短接头。对这样的加工形状，可以使用 2D 铣削和孔加工功能轻松解决。假设套管头精车工序已完成，在这个例子中绘制二维线框图形进行螺纹孔及垫环槽刀路的编制，局部加工图样如图 4-20 所示，其他部位加工不作介绍。

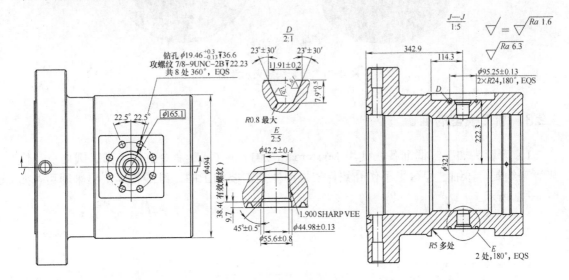

图 4-20　加工图样

　　本节加工任务：一道工序共完成 10 个操作，加工螺纹孔及垫环槽。

4.2.2　编程前的工艺分析

　　套管头的加工工艺制订见表 4-2。

表 4-2　套管头的加工工艺

工　序	加工内容	加工方式	机　床	刀　具	夹　具
10	铣大面	面铣	卧式加工中心	$\phi 80 R5$ 牛鼻刀	图 4-21
	钻中孔	钻孔	卧式加工中心	$\phi 42 U$ 钻	图 4-21
	镗孔	钻孔	卧式加工中心	镗刀 $\phi 42.2$	图 4-21
	倒角	钻孔	卧式加工中心	$\phi 55.6$ 成型 U 钻	图 4-21

（续）

工　序	加工内容	加工方式	机　床	刀　具	夹　具
10	铣螺纹 1.9SHARP VEE	铣螺纹	卧式加工中心	ϕ35 螺纹铣刀	图 4-21
	R24 垫环槽	外形铣削	卧式加工中心	R24 专用刀具	图 4-21
	定位孔	钻孔	卧式加工中心	A3 中心钻	图 4-21
	钻孔	钻孔	卧式加工中心	ϕ19.5U 钻	图 4-21
	倒角	钻孔	卧式加工中心	ϕ25 倒角钻	图 4-21
	铣螺纹 7/8-9UNC	铣螺纹	卧式加工中心	ϕ18.5 螺纹铣刀	图 4-21

套管头的装夹位置如图 4-21 所示。

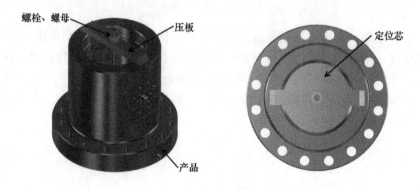

图 4-21　套管头装夹示意图

4.2.3　加工模型的准备

1）套管头加工线框准备。使用 Mastercam 2017 的 CAD 命令直线、圆、圆周点、修剪等来绘制，详细过程这里不作介绍，依据图样把需要加工的二维线框绘制出来即可，如图 4-22 所示。

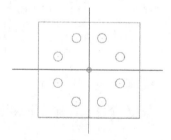

图 4-22　套管头加工线框

2）将套管头的中心孔设为加工坐标系，大面为 Z 轴原点。

4.2.4　毛坯、刀具的设定

1. 毛坯的设定

在"机床群组属性"里的"毛坯设置"选项下进行实体的定义。为了使模拟仿真达到真实效果，可以利用 Mastercam 2017 的 CAD 功能把套管头精车完成的毛坯绘制出来，通过选择"实体"模型定义毛坯,如图4-23所示,套管头材料为4130。

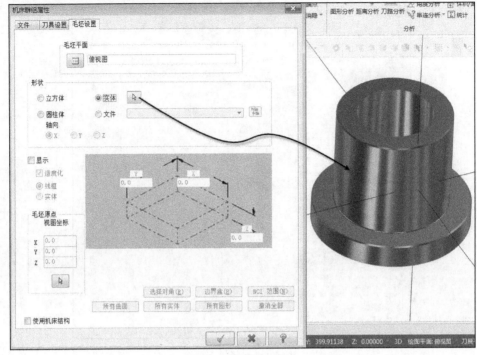

图 4-23　毛坯定义

2. 刀具的设定

在菜单栏单击"刀路",选择"刀具管理"命令,显示"刀具管理"对话框,在列表空白处单击右键,单击"创建新刀具",依次把ϕ80R5 牛鼻刀、ϕ42U 钻、镗刀ϕ42.2、ϕ55.6 成型钻带倒角、ϕ35 螺纹铣刀、R24 专用刀具、A3 中心钻、ϕ19.5U 钻、ϕ25 倒角钻、ϕ18.5 螺纹铣刀全部创建好,如图4-24所示。

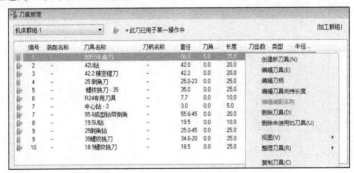

图 4-24　"刀具管理"对话框

4.2.5　编程详细操作步骤

1. 铣大面（工序 10）

1）在菜单栏单击"机床",选择"铣床"命令下的"管理列表",选择"MILL 4 - AXIS HMC.

MM.MCAM-MM"卧式加工中心,单击"增加",单击" √ "确认,如图 4-25 所示。

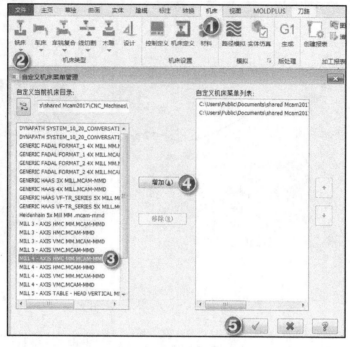

图 4-25　选择机床文件

2）在菜单栏单击"刀路",选择 2D 铣削加工"面铣"图标，弹出"串连选项"对话框,选择矩形,如图 4-26 所示。

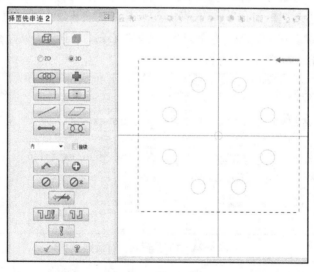

图 4-26　选择矩形

3）选择好串连矩形后,软件系统会自动弹出"2D 刀路-平面铣削"对话框,单击"刀具"选项卡,选择已建好的刀具 $\phi 80 R5$ 牛鼻刀,设定主轴转速:800、进给速率:2000、下刀速率:100、刀号:1、刀长和半径补正:1,如图 4-27 所示。

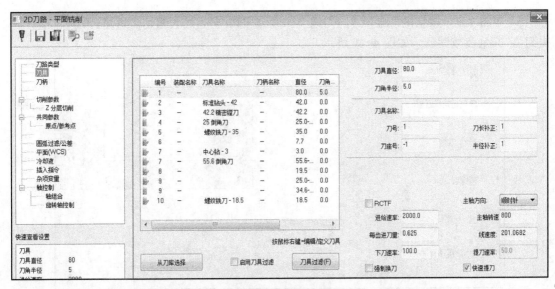

图 4-27 设置刀具参数

切削参数包括主轴转速、进给速率、背吃刀量等，受机床的刚性、夹具、工件材料和刀具材料的影响，设定的切削参数差异很大，本例切削参数仅供参考。

精铣大面时，最后一层刀路进给率要设小一点，方法有：

1）手工修改程序最后一层刀路的 F 值。

2）做 2 个操作分粗、精加工。

3）编辑刀路轨迹设定最后一层刀路 F 值，详细操作见本例铣垫环槽刀具路径编辑过程。

4）单击"切削参数"选项卡，进行加工参数的设置，类型：双向，截断方向超出量：0.0%，引导方向超出量：100.0%，进刀引线长度：5.0%，退刀引线长度：5.0%，最大步进量：70.0%，点选 "顺铣"，粗切角度：0.0，两切削间移动方式：线性，勾选"两切削间移动进给速率"，设为 5000.0，底面预留量设为"0.0"，其余参数默认，如图 4-28 所示。

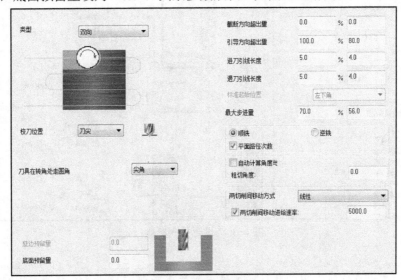

图 4-28 设置切削参数

5）单击"Z 分层切削"选项卡，勾选"深度分层切削"，最大粗切步进量：0.5，勾选"不提刀"，其余参数默认，如图 4-29 所示。

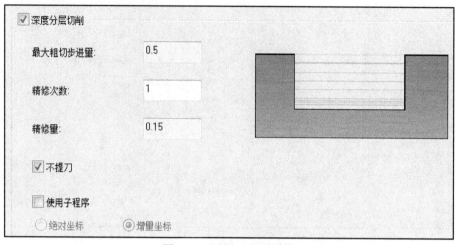

图 4-29　设置 Z 分层切削

6）单击"共同参数"选项卡，勾选"安全高度"，设为 50.0，点选"绝对坐标"，勾选"只有在开始及结束操作才使用安全高度"；勾选"参考高度"，设为 25.0，点选"增量坐标"；下刀位置：2.0，点选"增量坐标"；工件表面：0.0，点选"绝对坐标"；深度：–24.7，如图 4-30 所示。

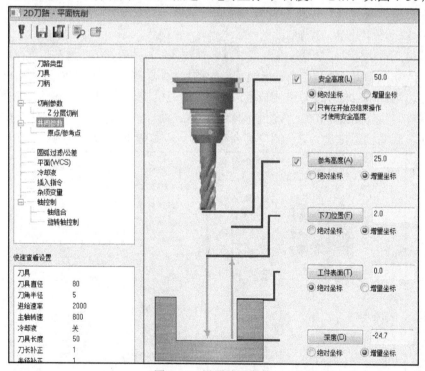

图 4-30　设置共同参数

注：

深度–24.7 根据实际情况调整，一般情况先铣大面保证尺寸 222.3，然后旋转工作台 B

轴 180° 保证对边尺寸，此平面作为剩下刀具 Z 轴的零点。

7）参数设置完成单击"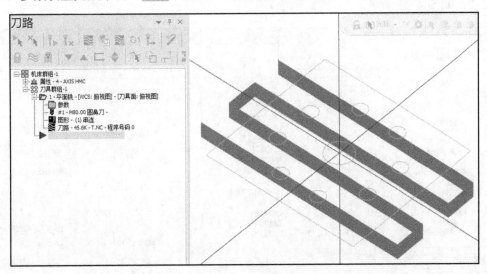"确认，刀具路径自动生成，如图 4-31 所示。

图 4-31　刀具路径

2. 钻中孔（工序 10）

1）在菜单栏单击"刀路"，选择 2D 孔加工"钻孔"图标，弹出"选择钻孔位置"对话框，选择中孔位置，如图 4-32 所示。

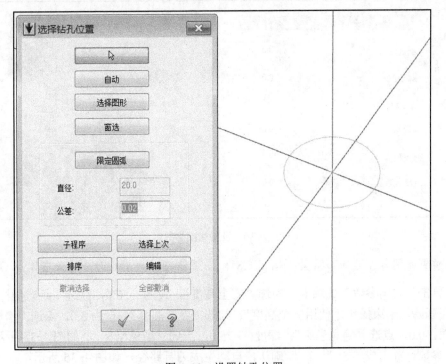

图 4-32　设置钻孔位置

2）选择好中孔位置后，软件系统会自动弹出"2D 钻孔"对话框，单击"刀具"选项卡，选择已建好的刀具ϕ42U 钻，设定主轴转速：1200、进给速率：100.0、刀号：2、刀长和半径补正：2，如图 4-33 所示。

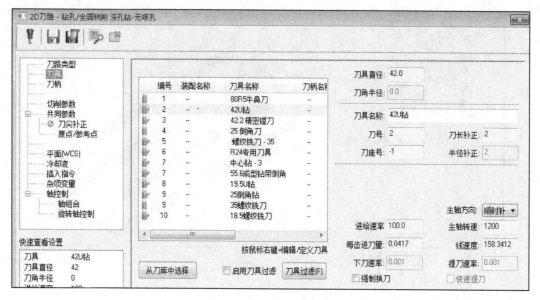

图 4-33　设置刀具参数

3）单击"切削参数"选项卡，循环方式为：钻头/沉头孔，如图 4-34 所示。

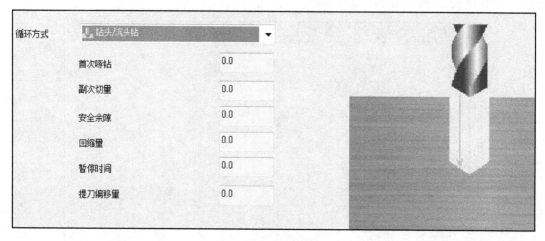

图 4-34　设置切削参数

当暂停时间等于 0 时，后处理输出 G81；当暂停时间大于 0 时，后处理输出 G82。

4）单击"共同参数"选项卡，勾选"安全高度"，设为：50.0，点选"绝对坐标"，勾选"只有在开始及结束操作才使用安全高度"；勾选"参考高度"，设为 3.0，点选"增量坐标"；工件表面：0.0，点选"绝对坐标"；深度：-75.0，点选"增量坐标"，如图 4-35 所示。

5）参数设置完成单击" ✓ "确认，自动生成刀具路径，如图 4-36 所示。

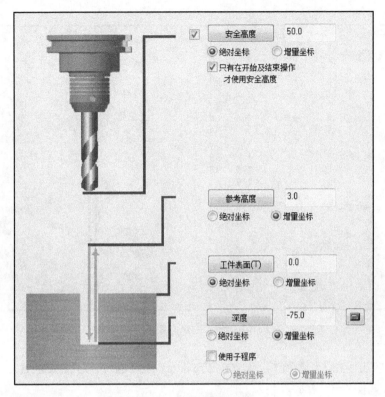

图 4-35　设置共同参数

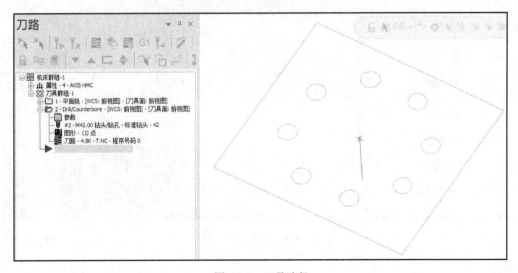

图 4-36　刀具路径

3. 镗孔（工序 10）

1）在"操作管理器"选择"钻中孔"，使用组合键 Ctrl+C 和 Ctrl+V 进行操作，粘贴到操作群组里面，选择复制的"钻孔"操作，单击"参数"，弹出对话框，单击"刀具"选项卡，选择已建好的刀具ϕ42.2 镗刀，设定主轴转速：450、进给速率：100.0，如图 4-37 所示。

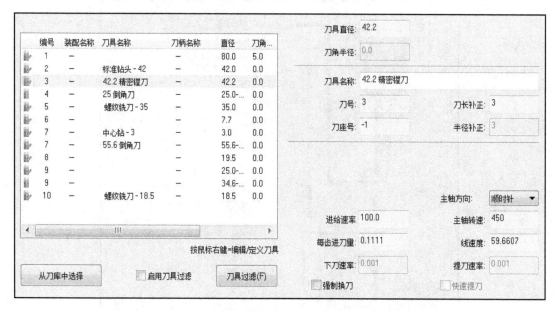

图 4-37　设置刀具参数

2）单击"切削参数"选项卡，设循环方式：镗孔#2-主轴停止-快速退刀（G76）、提刀偏移量：0.3，如图 4-38 所示。

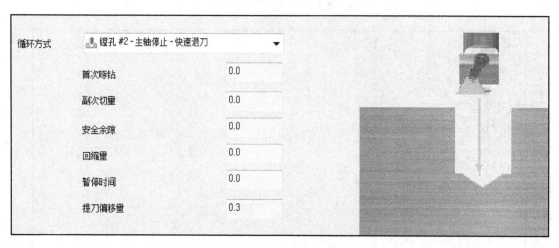

图 4-38　设置切削参数

注：

G76 镗孔循环 Q 值是指径向退刀距离，读者在安装镗刀时请注意刀尖方向！

3）单击"共同参数"选项卡，把"深度"修改为-70.0，参数修改完成，单击"✓"确认，重新计算刀路，自动生成路径，如图 4-39 所示。

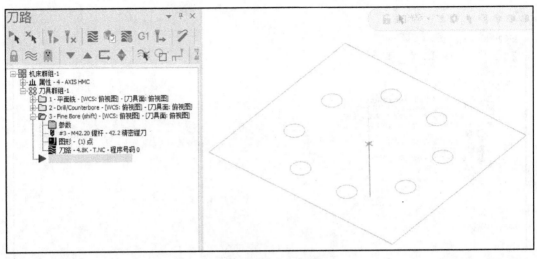

图 4-39　刀具路径

4. 倒角（工序 10）

1）在"操作管理器"选择"钻中孔"，使用组合键 Ctrl+C 和 Ctrl+V 进行操作，粘贴到操作群组里面，选择复制的"钻孔"操作，单击"参数"，弹出对话框，单击"刀具"选项卡，选择已建好的刀具φ55.6 成型钻带倒角，设定主轴转速：280、进给率：70.0，如图 4-40 所示。

图 4-40　设置刀具参数

2）单击"共同参数"选项卡，把"深度"修改为−15.5，参数修改完成，单击"　✓　"确认，重新计算刀路，自动生成路径，如图 4-41 所示。

注：

深度−15.5是根据刀具实际情况设定的，Z轴对刀一般以倒角刀上口最大点为Z轴零点，便于保证深度尺寸 9.7。

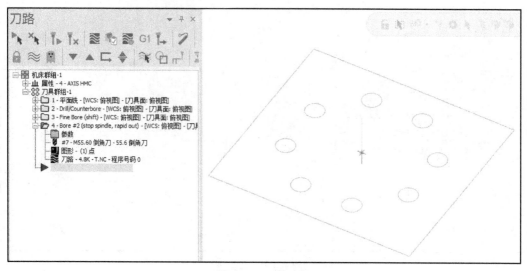

图 4-41　刀具路径

5. 铣螺纹（1.9 SHARP VEE）（工序 10）

1）在菜单栏单击"刀路"，选择 2D 孔加工"钻孔"图标 ，弹出"选择钻孔位置"对话框，选择螺纹孔位置，如图 4-42 所示。

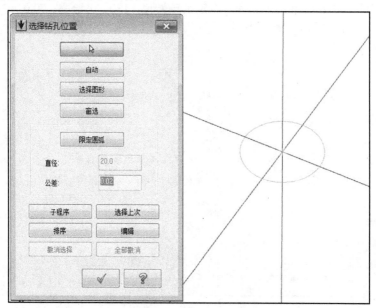

图 4-42　螺纹孔位置

2）选择好螺纹孔位置后，软件系统会自动弹出 2D 刀路"螺纹铣削"对话框，单击"刀具"选项卡，选择已建好的刀具ϕ35 螺纹铣刀，设定主轴转速：1500、进给速率：120.0、下刀速率：100.0、刀号：5、刀长和半径补正：5，如图 4-43 所示。

3）单击"切削参数"选项卡，设齿数（使用非牙刀时设为 0）：0、螺距：2.208、螺纹起始角度：0.0、预留量（过切量）：0.0、锥度角：1.785、补正方式：磨损，点选"内螺纹"，设螺纹直径（大径）：48.37，"加工方向"点选"由上而下切削"，如图 4-44 所示。

图 4-43　设置刀具参数

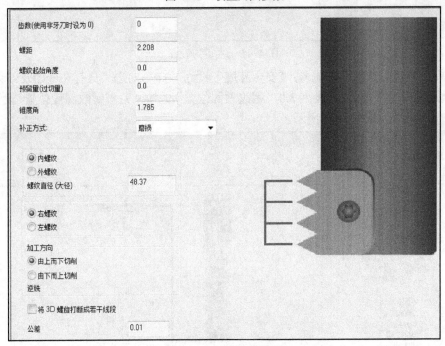

图 4-44　设置切削参数

注：

1. 齿数设为 0 时，螺纹铣刀为单齿刀；齿数大于 0 时，需要根据螺纹铣刀实际齿数设定。

2. 螺纹直径需要查表设定，加工过程中控制好螺纹紧密距。

3. 加工方向是由上而下切削，螺纹底孔实际是有锥度的，依据加工经验本例锥度孔可以不加工，直接进行铣螺纹。

4. 老式加工中心如不支持螺旋插补，此时需要勾选"将 3D 螺旋打断成若干线段"，让程序以 G01 直线插补输出。

4）选择"切削参数"选项卡，单击"进/退刀设置"，勾选"由圆心开始""在螺纹顶部进/退刀""在螺纹底部进/退刀"，其余参数默认，如图 4-45 所示。

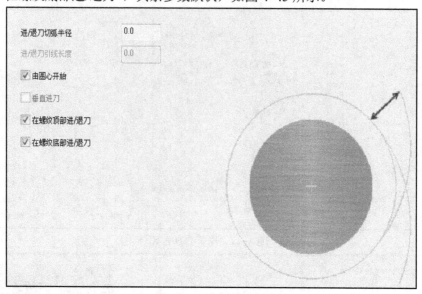

图 4-45　进/退刀设置

5）单击"共同参数"选项卡，"安全高度"设为 50.0，勾选"只有在开始及结束操作才使用安全高度"；"下刀位置"设为 3.0，"螺纹顶部位置"设为–9.7；"螺纹深度位置"设为–38.4，点选"增量坐标"，如图 4-46 所示。

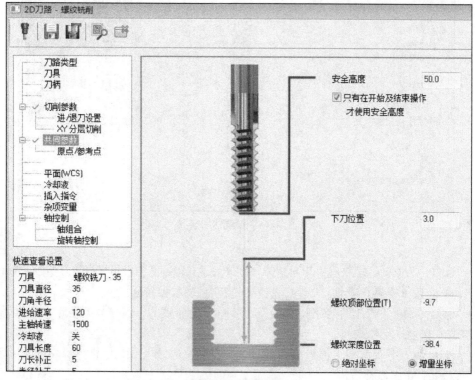

图 4-46　共同参数

6）参数设置完成单击"√"确认，自动生成刀具路径，如图 4-47 所示。

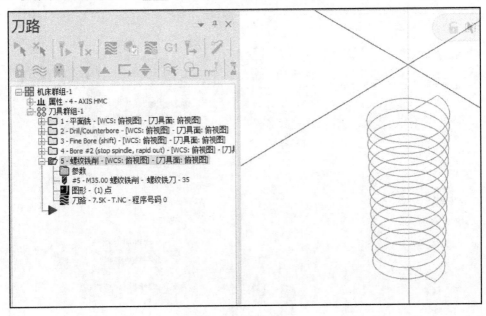

图 4-47　刀具路径

6. R24 垫环槽（工序 10）

1）在菜单栏单击"刀路"，选择 2D 铣削加工"外形铣削"图标 ▇，弹出"选择串连外形"对话框，选择串连 ϕ4.042 的圆计算方法，如图 4-48 所示。（此圆直径就是垫环槽槽底宽度减去两边刀具 R 值，实际加工要根据公差要求适当调整，仅供参考。）

2）选择好串连圆后，软件自动弹出"2D 外形铣削"对话框，单击"刀具"选项卡，选择已建好的刀具 ϕ1.6 平底刀，设定主轴转速：800、进给速率：500、下刀速率：100。常见刀具有 2 种：第一种是两刃不带 23°，第二种是四刃带 23°，加工程序也有所不同，如图 4-49 所示，本例选用第二种刀具。

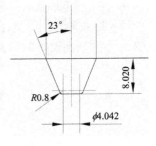

图 4-48　加工圆计算方法

图 4-49　刀具种类

3）单击"切削参数"选项卡，"补正方式"设为"关"，"外形铣削方式"设为"斜插"，"斜插方式"点选"深度"，"斜插深度"设为 0.1，勾选"在最终深度处补平"，壁边和底面预留量设为 0.0，如图 4-50 所示。

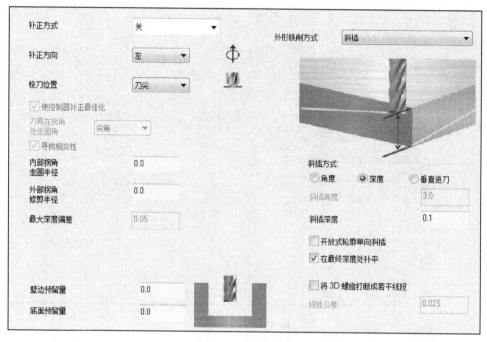

图 4-50　设置切削参数

4）单击"共同参数"选项卡，勾选"安全高度"，设为 50.0，点选"绝对坐标"，勾选"只有在开始及结束操作才使用安全高度"；勾选"参考高度"，设为 25.0，点选"增量坐标"；下刀位置设为 2.0；工件表面设为 0.0，点选"绝对坐标"；深度设为–8.0，点选"增量坐标"，如图 4-51 所示。

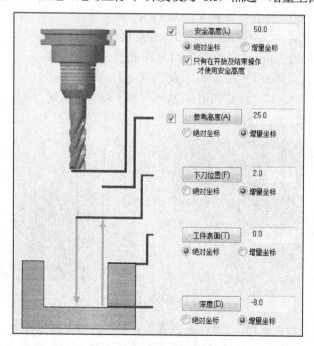

图 4-51　设置共同参数

5）单击"圆弧过滤/公差"选项卡，将"总公差"设为 0.01，勾选"线/圆弧过滤设置"，"最小圆弧半径"设为 0.01，其余参数默认，如图 4-52 所示。

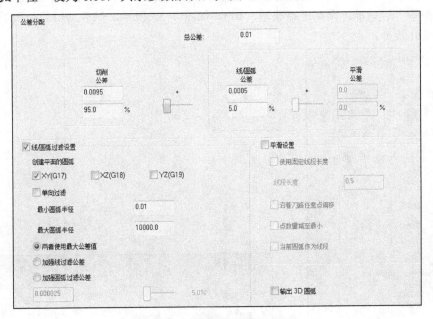

图 4-52　设置圆弧过滤/公差

6）参数设置完成单击"✓"确认，自动生成刀具路径，如图 4-53 所示。

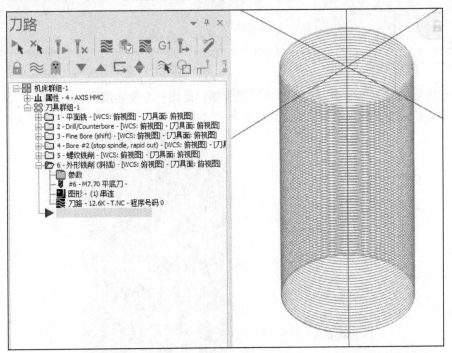

图 4-53　刀具路径

7）刀路已经全部编制完成，现在想把垫环槽底面最后一刀 F 进给速率降低一点，来提高底面表面质量。在"操作管理器"选择"外形铣削",右击,选择"编辑刀路",系统弹出"编辑刀路"对话框,如图 4-54 所示。通过位置点调整到最后一刀,单击"编辑点",系统弹出"编辑点参数"对话框,设定进给速率:100,如图 4-55 所示。然后通过后处理看程序最后一刀 F 值变化没有。

图 4-54 "编辑刀路"对话框

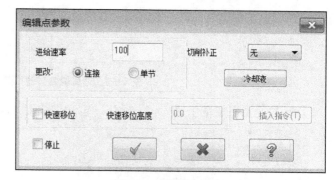

图 4-55 编辑点参数

8)在实际生产中垫环槽刀具路径使用宏程序也是比较方便实用的。这里和大家分享一个简单的宏程序,如图 4-56 所示。(此刀路宏程序的编制方法有很多种,本例仅供参考!)

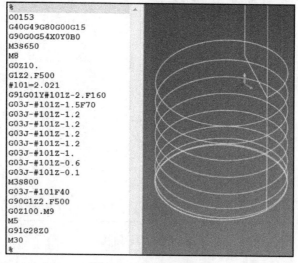

```
%
O0153
G40G49G80G00G15
G90G0G54X0Y0B0
M3S650
M8
G0Z10.
G1Z2.F500
#101=2.021
G91G01Y#101Z-2.F160
G03J-#101Z-1.5F70
G03J-#101Z-1.2
G03J-#101Z-1.2
G03J-#101Z-1.2
G03J-#101Z-1.2
G03J-#101Z-1.
G03J-#101Z-0.6
G03J-#101Z-0.1
M3S800
G03J-#101F40
G90G1Z2.F500
G0Z100.M9
M5
G91G28Z0
M30
%
```

图 4-56 垫环槽宏程序

7. 定位孔（工序 10）

1）在菜单栏单击"刀路"，选择 2D 孔加工"钻孔"图标 ；弹出"选择钻孔位置"对话框，选择钻孔位置，如图 4-57 所示。

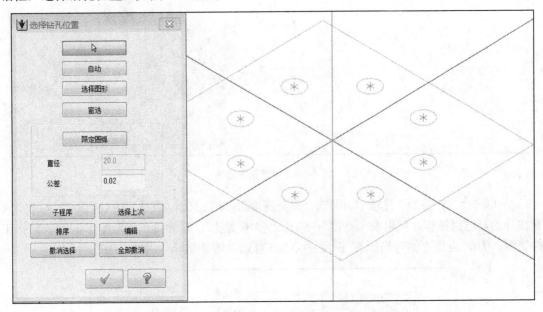

图 4-57　选择钻孔位置

2）选择好钻孔位置后，软件系统会自动弹出"2D 钻孔"对话框，单击"刀具"选项卡，选择已建好的刀具 A3 中心钻，设定主轴转速：1200、进给速率：80.0，如图 4-58 所示。

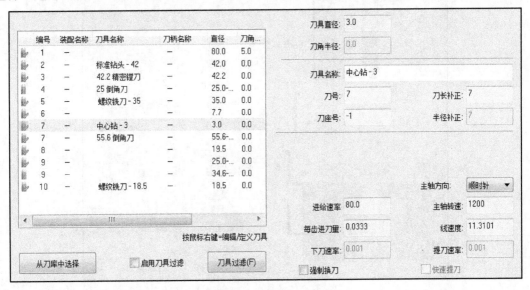

图 4-58　设置刀具参数

3）单击"切削参数"选项卡，循环方式设为"Drill/Counterbore"，实际就是 G81/G82，如图 4-59 所示。

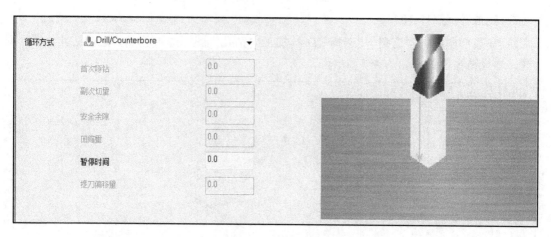

图 4-59　设置切削参数

4）单击"共同参数"选项卡，勾选"安全高度"，设为 50.0，点选"绝对坐标"，勾选"只有在开始及结束操作才使用安全高度"；勾选"参考高度"，设为 3.0，点选"增量坐标"；工件表面：0.0，点选"绝对坐标"；深度：-3.0，点选"增量坐标"，如图 4-60 所示。

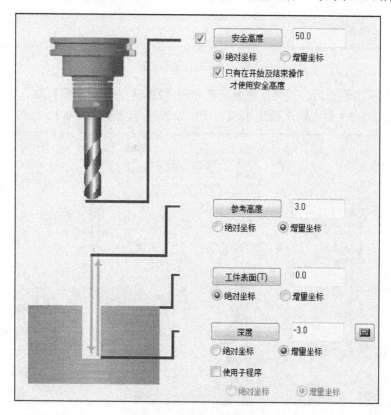

图 4-60　设置共同参数

5）参数设置完成单击" √ "确认，自动生成刀具路径，如图 4-61 所示。

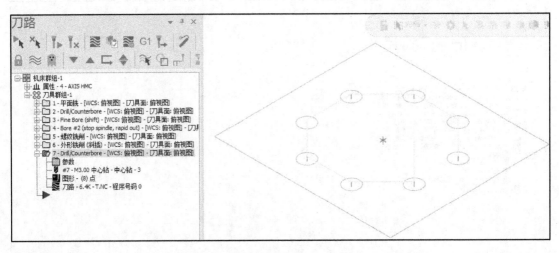

图 4-61   刀具路径

8. 钻孔（工序 10）

1）在"操作管理器"选择"定位孔"，使用组合键 Ctrl+C 和 Ctrl+V 进行操作，粘贴到操作群组里面，选择复制的"钻孔"操作，单击"参数"，弹出对话框，单击"刀具"选项卡，选择已建好的刀具φ19.5U 钻，设定主轴转速：2000、进给速率：120.0，如图 4-62所示。

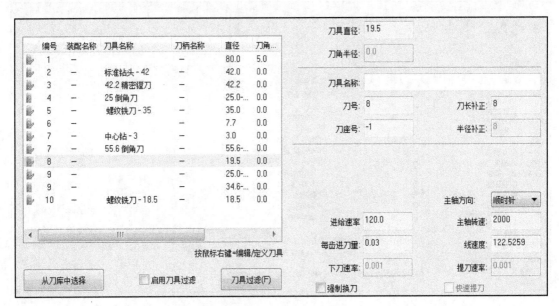

图 4-62   设置刀具参数

2）单击"共同参数"选项卡，把"深度"修改为−33.6，参数修改完成单击" ✓ "确认，重新计算刀路，自动生成路径，如图 4-63 所示。

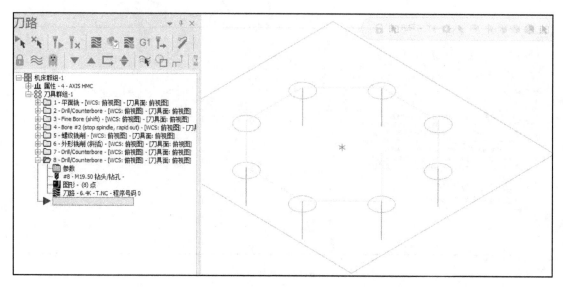

图 4-63　刀具路径

9. 倒角（工序 10）

1）在"操作管理器"选择"定位孔"，使用组合键 Ctrl+C 和 Ctrl+V 进行操作，粘贴到操作群组里面，选择复制的"钻孔"操作→"参数"弹出对话框，单击"刀具"选项卡，选择已建好的刀具 ϕ25 倒角钻，设定主轴转速：2000、进给速率：100.0，如图 4-64 所示。

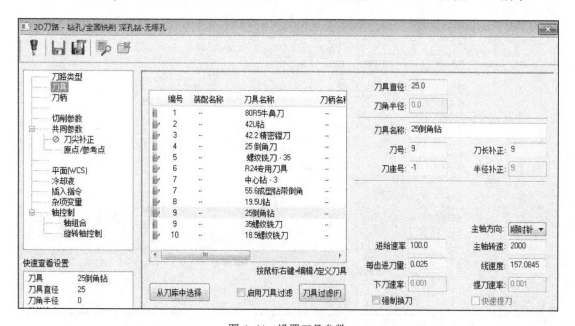

图 4-64　设置刀具参数

2）单击"共同参数"选项卡，把"深度"修改为-1.6（根据实际刀具调整深度），参数修改完成，单击" ✓ "确认，重新计算刀路，自动生成路径，如图 4-65 所示。

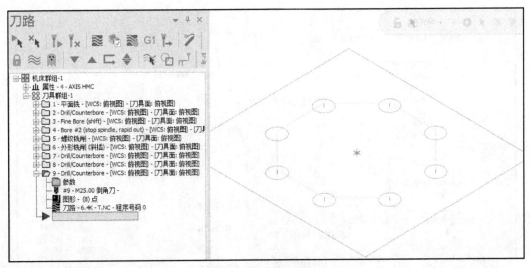

图 4-65　刀具路径

10. 铣螺纹 7/8-9UNC（工序 10）

1）在菜单栏单击"刀路"，选择 2D 孔加工"钻孔"图标，弹出"选择钻孔位置"对话框，选择螺纹孔位置，如图 4-66 所示。

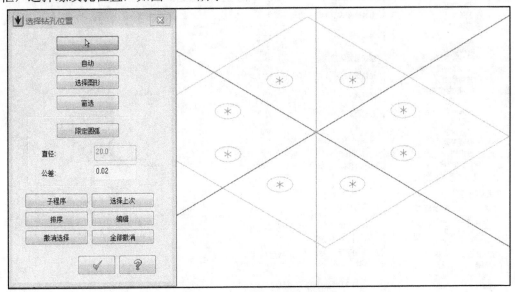

图 4-66　选择螺纹孔位置

2）选择好螺纹孔位置后，软件系统会自动弹出"螺纹铣削"对话框，单击"刀具"选项卡，选择已建好的刀具 ϕ18.5 螺纹铣刀，设定主轴转速：2200、进给速率：22.0、下刀速率：100.0、刀号：10、刀长和半径补正：10，如图 4-67 所示。

3）单击"切削参数"选项卡，"齿数（使用非牙刀时设为 0）"设为 9，螺距：2.822，螺纹起始角度：0.0，预留量（过切量）：0.0，锥度角：0.0，补正方式：磨损，点选"内螺纹"，螺纹直径（大径）：22.225，"加工方向"点选"由下而上切削"，如图 4-68 所示。

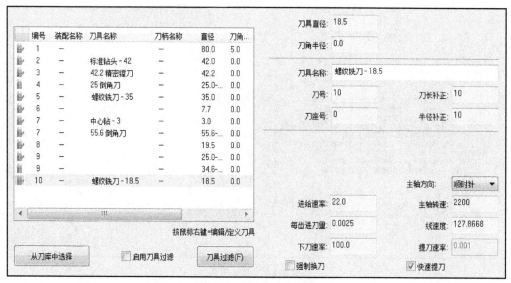

图 4-67　设置刀具参数

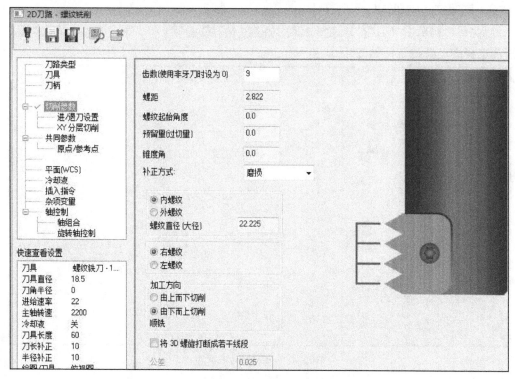

图 4-68　设置切削参数

注：

1. 齿数 9 是螺纹梳齿刀牙数。

2. 螺距是 25.4mm÷9=2.822mm，螺纹加工过程中需使用螺纹通止规检测。

3. 加工方向是由下而上切削，保证顺铣，提高了螺纹的表面质量。

4）选择"切削参数"选项卡，单击"进/退刀设置"，勾选"由圆心开始""在螺纹顶部进/退刀""在螺纹底部进/退刀",其余参数默认,如图4-69所示。

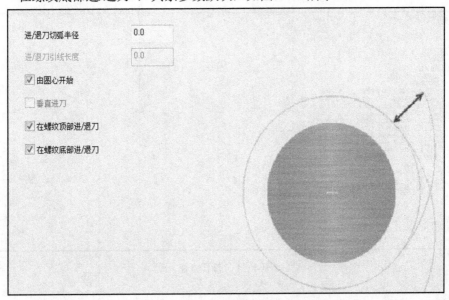

图 4-69　设置进/退刀设置

5)单击"共同参数"选项卡,"安全高度"设为50.0,勾选"只有在开始及结束操作才使用安全高度";"下刀位置"设为2.0,"螺纹顶部位置"设为0.0;"螺纹深度位置"设为-22.3,点选"增量坐标",如图4-70所示。

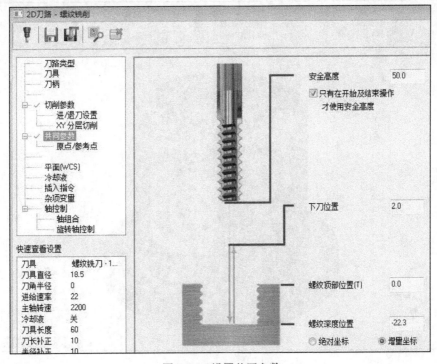

图 4-70　设置共同参数

6）参数设置完成单击"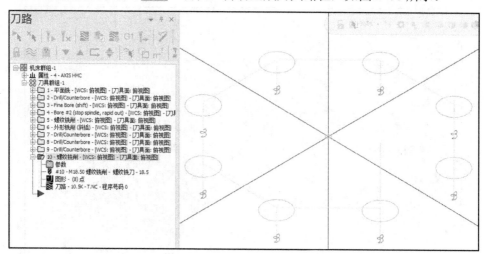 ✓ "确认，自动生成刀具路径，如图 4-71 所示。

图 4-71　刀具路径

4.2.6　NC 仿真及后处理

1）在"操作管理器"中，单击图标"⬆"选择所有操作，单击验证图标"⬆"，弹出实体模拟仿真对话框，单击播放图标"▶"进行实体模拟仿真，结果如图 4-72 所示。

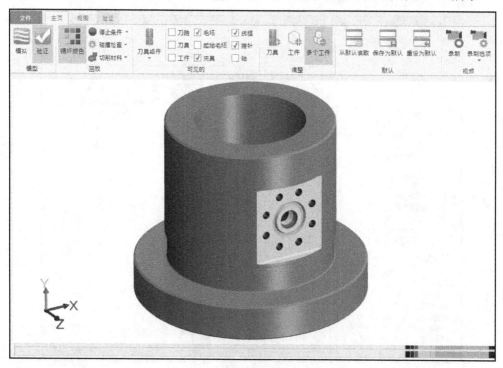

图 4-72　实体模拟仿真

2）使用机床自带的后处理文件，单击"刀路"→"⬆"选择所有操作→" G1 "后处理→"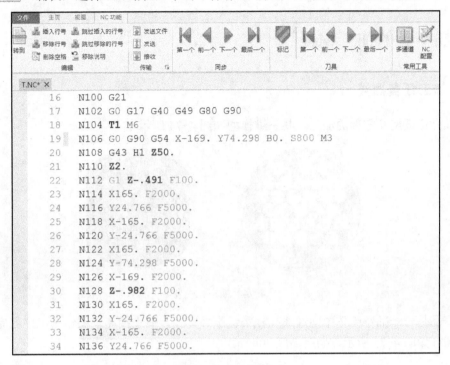"确认，选择 NC 路径，单击"保存"，弹出 NC 程序对话框，如图 4-73 所示。

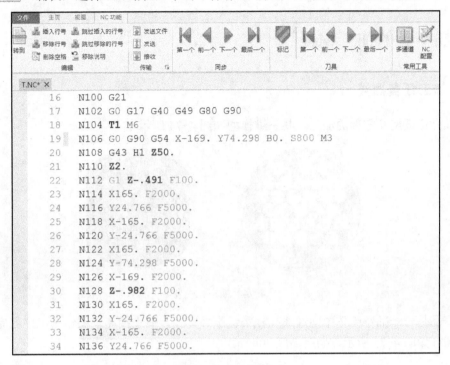

图 4-73　NC 程序

3）编程完成后将所有操作工序确认无误后填写好程序单，交到 CNC 车间安排加工。（CNC 程序单模板见附录，仅供参考。）

4.2.7　工程师经验点评

通过套管头的实例编程学习，并根据光盘提供的模型文件练习编程，深刻理解钻孔铣螺纹加工技巧。现总结如下：

1）本例套管头螺纹孔和垫环槽对边是一样的，只需把程序 B0 修改为 B180 再进行加工。

2）U 钻是目前钻孔比较流行的一种刀具，加工效率一般是麻花钻的 2～3 倍。U 钻可直接在工件上加工，无须中心钻打引导孔，刀体前端装有可更换的刀片，降低了使用成本，复合 U 钻可以定制非标孔径连同倒角一次成形，大大提高了生产效率。

3）一般垫环槽加工使用四刃自带 23°的专用刀具，如果使用两刃的不带角度的专用刀具，那么程序就需要带 23°。该刀路可以通过很多种方式实现，例如等高、流线等。垫环槽刀具的优点是加工效率高，缺点是刀具尺寸调整有一点麻烦，如果用对刀仪调整就方便多了。

4）套管头装夹方式以内孔定位保证和 B 轴旋转中心一致，一般加工之前需要使用百分表校正同轴度。

5）在使用中心钻定位螺纹孔或法兰孔时，建议程序带有暂停环节，目的是大致测量孔的位置是否正确，防患于未然；加工内螺纹孔时，利用刀具半径补偿进行加工，最终通过螺纹通止检测达到合格尺寸。根据实际加工需求，螺纹铣削也可以分粗、精加工。

4.3 插座孔的加工编程

4.3.1 加工任务概述

下面介绍插座孔零件的加工，其三维模型如图 4-74 所示。

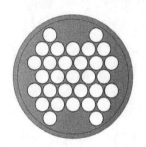

图 4-74 插座孔模型

该产品是一个插座壳体中间通线孔，类似于蜂窝孔。假设插座模型精车工序已完成，局部加工图样如图 4-75 所示，插座高度 30mm。

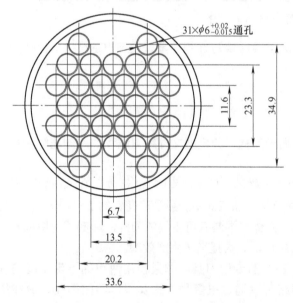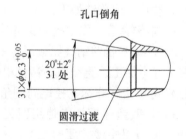

图 4-75 加工图样

本节加工任务：一道工序共完成 6 个操作，加工蜂窝孔。

4.3.2 编程前的工艺分析

蜂窝孔的加工工艺制订见表 4-3。

表 4-3　蜂窝孔的加工工艺

工　序	加工内容	加工方式	机　　床	刀　具	夹　具
10	中心钻定位	钻孔	三轴立式加工中心	A2 中心钻	自定心卡盘
	钻孔	钻孔	三轴立式加工中心	ϕ5.7 HSS-CO	自定心卡盘
	铣孔	螺旋铣孔	三轴立式加工中心	ϕ5 平底刀	自定心卡盘
	倒角	钻孔	三轴立式加工中心	20° 倒角刀	自定心卡盘
	插孔	钻孔	三轴立式加工中心	ϕ5.94 立铣刀	自定心卡盘
	精铰	钻孔	三轴立式加工中心	ϕ6H7 铰刀	自定心卡盘

插座的装夹位置如图 4-76 所示。（建议实际生产加工时使用软爪夹持。）

图 4-76　插座装夹示意图

4.3.3　加工模型的准备

1）插座孔加工模型准备。使用 Mastercam 2017 的 CAD 命令圆、转换、拉伸等来绘制，详细过程这里不做介绍，如图 4-77 所示。

图 4-77　插座孔加工模型

2）将插座的外圆中心孔设为加工坐标系，蜂窝孔大面为 Z 轴原点。

4.3.4　毛坯、刀具的设定

1. 毛坯的设定

在"机床群组属性"里的"毛坯设置"选项下进行实体的定义。为了使模拟仿真达到真实效果，可以利用 Mastercam 2017 的 CAD 功能把插座模型精车完成的毛坯绘制出来，通过选择实体模型定义毛坯，如图 4-78 所示，插座材料为 0Cr17Ni4Cu4Nb。

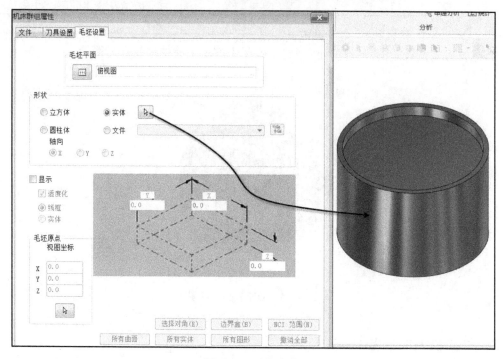

图 4-78　毛坯定义

2. 刀具的设定

在菜单栏单击"刀路"，选择"刀具管理"命令，显示"刀具管理"对话框，在列表空白处单击右击，单击"创建新刀具"，依次把 A2 中心钻、ϕ5.7 HSS-CO、ϕ5 平底刀、20°倒角刀、ϕ5.94 立铣刀、ϕ6H7 铰刀全部创建好，如图 4-79 所示。

编号	装配名称	刀具名称	刀柄名称	直径	刀角…	长度	刀齿数	类型	半径…
1	--	A2中心钻	--	8.0	0.0	7.330…	2	中心钻	无
2	--	5.7 HSS-CO	--	5.7	0.0	25.0	2	钻头/…	无
3	--	5 平底刀	--	5.0	0.0	25.0	4	平底刀	无
4	--	20°倒角刀	--	6.8-20	0.0	30.0	4	倒角刀	无
5	--	5.94 立铣刀	--	5.94	0.0	25.0	4	平底刀	无
6	--	6H7铰刀	--	6.0	0.0	25.0	6	铰刀	无

创建新刀具(N)
编辑刀具(E)
编辑刀柄
编辑刀具夹持长度
编辑装配名称

图 4-79　"刀具管理"对话框

4.3.5　编程详细操作步骤

1. 中心钻定位（工序 10）

1）在菜单栏单击"机床"，选择"铣床"命令下的"管理列表"，选择"GENERIC HAAS 3X MILL MM.MCAM-MM"三轴立式加工中心，单击"增加"，单击"　✓　"确认，如图 4-80 所示。

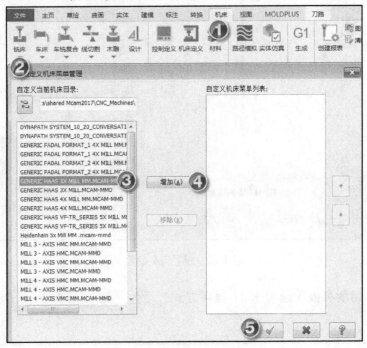

图 4-80　选择机床文件

2）在菜单栏单击"刀路"，选择 2D 孔加工"钻孔"图标，弹出"选择钻孔位置"对话框，选择钻孔位置，如图 4-81 所示。

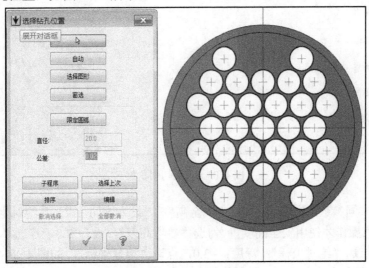

图 4-81　选择钻孔位置

3）选择好钻孔位置后，软件系统会自动弹出"2D 钻孔"对话框，单击"刀具"选项卡，选择已建好的 A2 中心钻，设定主轴转速：1200、进给速率：80.0，如图 4-82 所示。

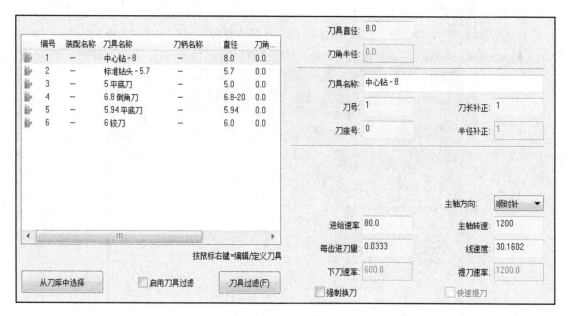

图 4-82　设置刀具参数

4）单击"切削参数"选项卡，"循环方式"设为"钻头/沉头孔"（G81/G82），如图 4-83 所示。

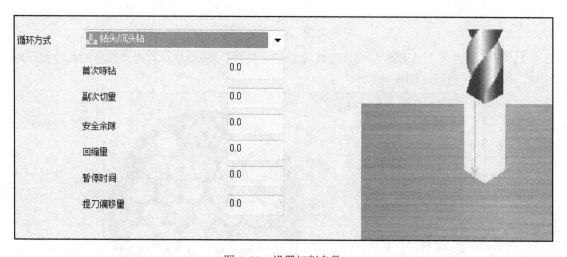

图 4-83　设置切削参数

5）单击"共同参数"选项卡，勾选"安全高度"，设为 50.0，点选"绝对坐标"，勾选"只有在开始及结束操作才使用安全高度"；勾选"参考高度"，设为 2.0，点选"增量坐标"；工件表面：0.0，点选"绝对坐标"；深度：-3.0，点选"增量坐标"，如图 4-84 所示。

6）参数设置完成单击"⬜✓"确认，自动生成刀具路径，如图 4-85 所示。

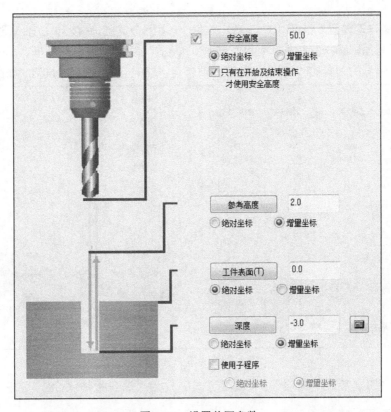

图 4-84　设置共同参数

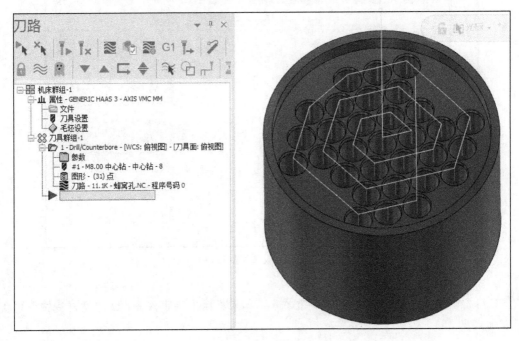

图 4-85　刀具路径

2. 钻孔（工序 10）

1）在"操作管理器"选择"中心钻定位"，使用组合键 Ctrl+C 和 Ctrl+V 进行操作，粘贴到操作群组里面，选择复制的"钻孔"操作，单击"参数"，弹出对话框，单击"刀具"选项卡，选择已建好的刀具ϕ5.7 钻头，设定主轴转速：800、进给速率：60.0，如图 4-86 所示。

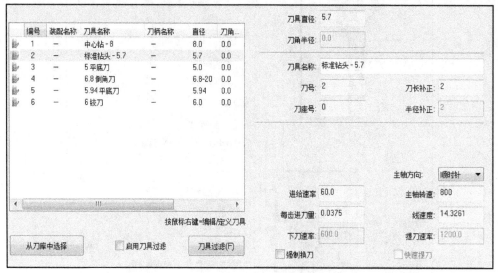

图 4-86　设置刀具参数

2）单击"切削参数"选项卡，"循环方式"设为"深孔啄钻（G83）"，Peck：1.5，如图 4-87 所示。

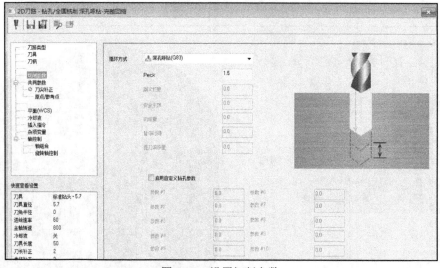

图 4-87　设置切削参数

> 注：
>
> G83 循环 Q 值是指 Z 深度每次钻孔深度，如果机床主轴带内冷，使用带内冷钻头该值可以加大。

3）单击"共同参数"选项卡，把"深度"修改为–33，参数修改完成单击"　✓　"确认，重新计算刀路自动生成路径，如图 4-88 所示。

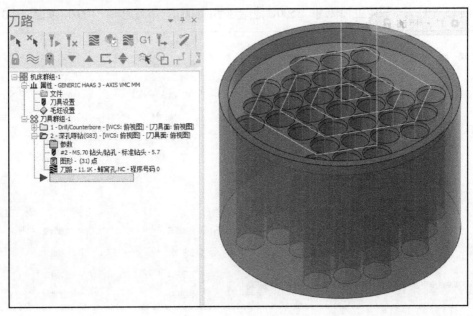

图 4-88 刀具路径

3. 铣孔

1）在菜单栏单击"刀路"，选择 2D 孔加工"螺旋铣孔"图标，弹出"选择钻孔位置"对话框，选择铣孔位置，如图 4-89 所示。

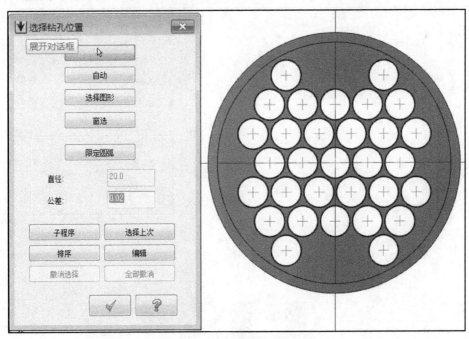

图 4-89 选择铣孔位置

2）选择好铣孔位置后，系统会自动弹出"2D 螺旋铣孔"对话框，单击"刀具"选项卡，选择已建好的ϕ5 平底刀，设定主轴转速：3500、进给速率：300.0、下刀速率：100.0，如图 4-90 所示。

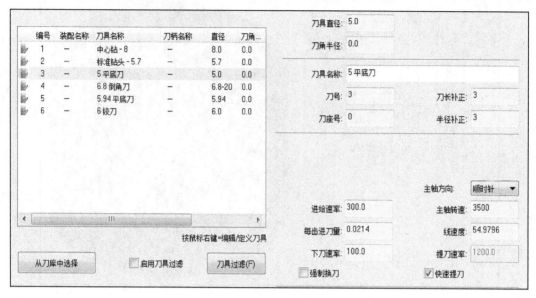

图 4-90　设置刀具参数

3）单击"切削参数"选项卡，补正方式：磨损，勾选"由圆心开始"，壁边预留量：0.2，底面预留量为：0.0，如图 4-91 所示；单击选项"粗/精修"，粗切间距：0.3，勾选"以圆弧进给方式（G2/G3）输出"，如图 4-92 所示。

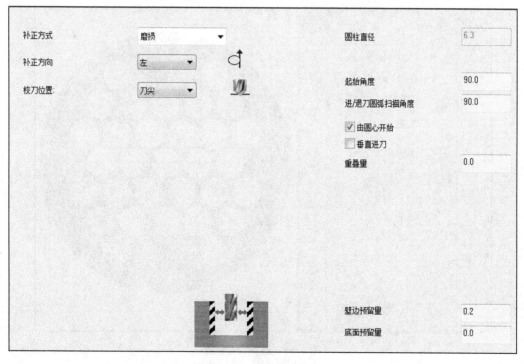

图 4-91　设置切削参数

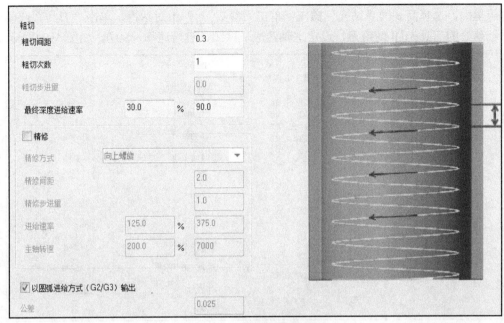

图 4-92　设置粗/精修参数

4）单击"共同参数"选项卡，勾选"安全高度"，设为 50，点选"绝对坐标"，勾选"只有在开始及结束操作才使用安全高度"；勾选"参考高度"，设为 5，点选"增量坐标"；工件表面：0，点选"绝对坐标"；深度：−5，点选"增量坐标"，参数设置完成单击"　✓　"确认，自动生成刀具路径，如图 4-93 所示。

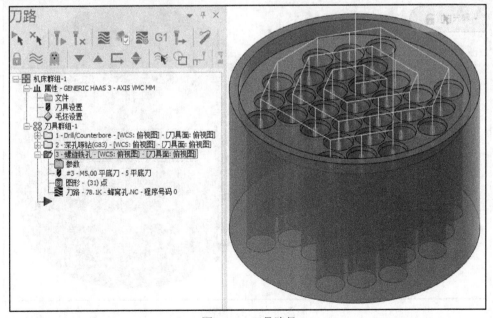

图 4-93　刀具路径

4. 倒角（工序 10）

1）在"操作管理器"选择"钻孔"，使用组合键 Ctrl+C 和 Ctrl+V 进行操作，粘贴到操作群组里面，选择复制的"钻孔"操作，单击"参数"，弹出对话框，单击"刀具"选项卡，选择已建好的刀具φ6.8 倒角刀，设定主轴转速：1150、进给速率：30.0，如图 4-94 所示。

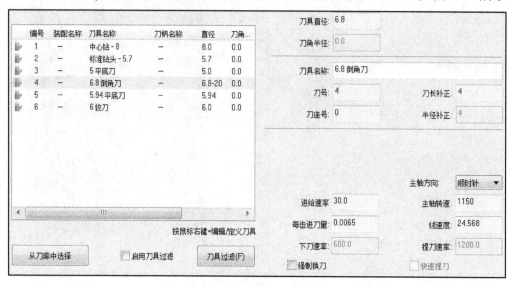

图 4-94　设置刀具参数

2）单击"共同参数"选项卡，把"深度"修改为-1.12，参数修改完成单击"✓"确认，重新计算刀路，自动生成路径，如图 4-95 所示。

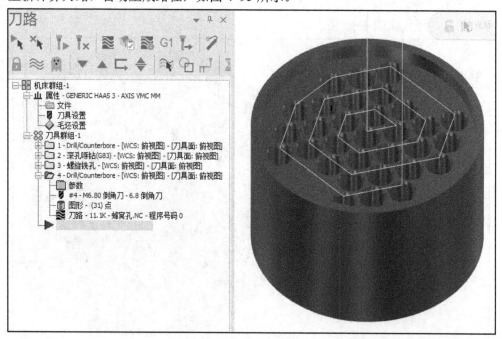

图 4-95　刀具路径

注：

深度-1.12 是根据刀具实际情况设定的，要保证深度尺寸孔口+0.05 的公差。

5. 插孔（工序 10）

1）在"操作管理器"选择"钻孔"，使用组合键 Ctrl+C 和 Ctrl+V 进行操作，粘贴到操作群组里面，选择复制的"钻孔"操作，单击"参数"，弹出对话框，单击"刀具"选项卡，选择已建好的刀具 ϕ5.94 立铣刀，设定主轴转速：200、进给速率：30.0，如图 4-96 所示。

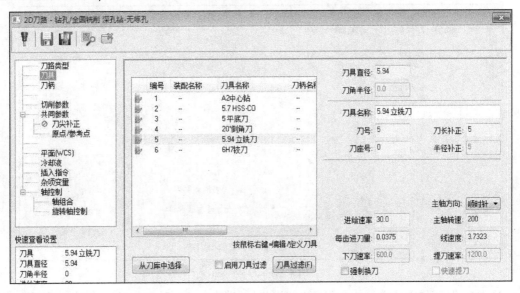

图 4-96　刀具参数

2）单击"共同参数"选项卡，把"深度"修改为-33，参数修改完成单击" ✓ "确认，重新计算刀路，自动生成路径，如图 4-97 所示。

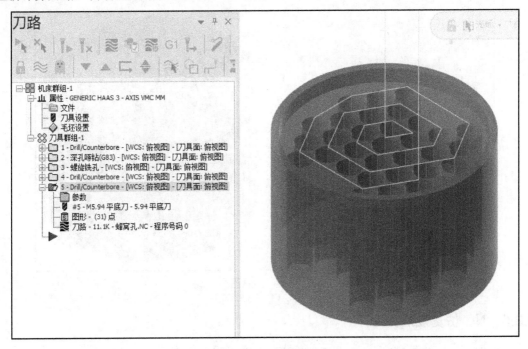

图 4-97　刀具路径

6. 铰孔（工序 10）

1）在"操作管理器"选择"钻孔"，使用组合键 Ctrl+C 和 Ctrl+V 进行操作，粘贴到操作群组里面，选择复制的"钻孔"操作单击"参数"，弹出对话框，单击"刀具"选项卡，选择已建好的刀具φ6H7 铰刀，设定主轴转速：180、进给速率：28.0，如图 4-98 所示。

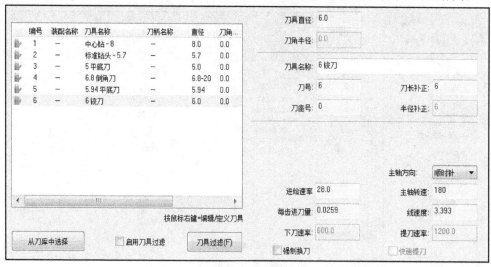

图 4-98　刀具参数

2）单击"切削参数"选项卡，"循环方式"设为"镗孔（G85）"；单击"共同参数"选项卡，"深度"修改为–32，参数修改完成单击"　✓　"确认，重新计算刀路，自动生成路径，如图 4-99 所示。

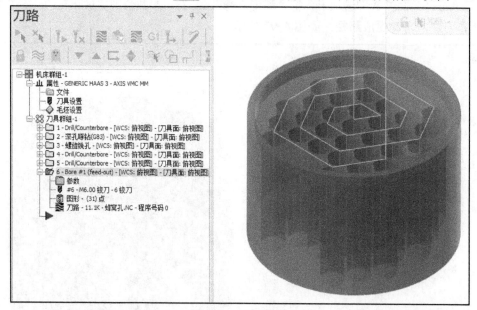

图 4-99　刀具路径

4.3.6　NC 仿真及后处理

1）在"操作管理器"中，单击图标"　"选择所有操作，单击验证图标"　"，弹出实体模拟仿真对话框，单击播放图标"⬤"进行实体模拟仿真，结果如图 4-100 所示。

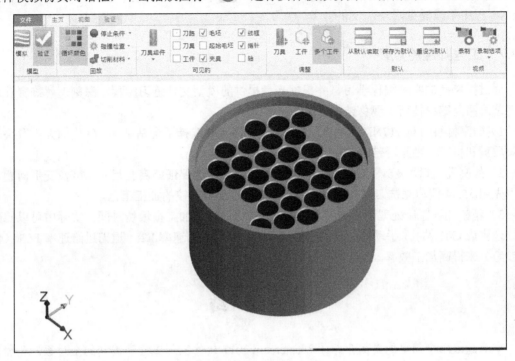

图 4-100　实体模拟仿真

2）使用机床自带的后处理文件，单击"刀路"→"🔍"选择所有操作→"G1"后处理→"✓"确认，选择 NC 路径，单击"保存"，弹出 NC 程序对话框，如图 4-101 所示。

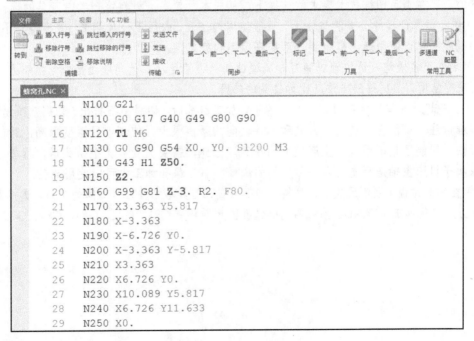

图 4-101　NC 程序

3）编程完成后将所有操作工序确认无误后填写好程序单，交到 CNC 车间安排加工。（CNC 程序单模板见附录，仅供参考。）

4.3.7 工程师经验点评

通过插座孔的实例编程学习，并根据光盘提供的模型文件练习编程，深刻理解蜂窝孔加工工艺思路及编程技巧。现总结如下：

1）插座材料为 0Cr17Ni4Cu4Nb，不易加工，钻孔时选择了含钴钻头，Q 值的大小取决于钻头质量和机床主轴是否带内冷。

2）蜂窝孔孔口用 $\phi 5$ 平底刀螺旋铣了一个导向孔，为保证蜂窝孔尺寸精度及变形问题，采用先用 $\phi 5.94$ 四刃立铣刀插孔，最后用 $\phi 6H7$ 合金铰刀精铰的加工工艺。

3）精铰孔程序后处理出来是 G85，G85 进/退刀速率加工很浪费时间。实际中可以修改后处理生成 G01 钻孔，手动修改退刀进给速率，一般用下刀速率 F28、退刀进给速率 F250（仅供参考）来提高加工效率。

本 章 小 结

本章通过三个简单的案例介绍了 Mastercam 2017 软件孔加工程序编制的全过程。孔加工工艺有一定规律可循，大致分为定位、钻孔、扩孔、镗孔等，一般根据图样的要求满足客户的需求。在孔加工程序编制过程中需要注意以下问题，供大家参考。

1）孔类零件加工编程，先确定好加工工艺，然后选择合理的刀具。不是说昂贵的刀具就是最好的，要在满足图样技术要求的前提下，从成本、效率、材料综合考虑刀具的选择。

2）在孔类零件尺寸公差测量方面，一般使用内径表、内径千分尺测量，效率慢且不稳定。本章的插座孔建议使用通止规检测，可提高效率和稳定性。

3）现在很多操作人员依赖成型刀和成型钻头，不管是从工艺角度还是成本控制方面，都有必要研究常用刀具的修磨方法，比如钻头的修磨。

4）一般超过 5 倍径的孔可以定义为深孔，加工深孔时，切屑不易排出，切削热不易传出，切削液难以注入切削区，切屑、刀具和工件之间的摩擦很大，使切削区温度很高，致使刀具磨损加快，限制了钻削用量和生产效率的提高。因此，需要反复多次把钻头退出排屑，排屑次数取决于机床主轴是否支持内冷和刀具的选择，有时深孔加工也可以使用枪钻。

5）在钻孔过程中要考虑夹具、材料、切削用量、刀具等相关因素之间的关系，选择最恰当的钻孔方案进行加工。FANUC 系统常用的钻孔固定循环有 G81、G82、G83、G84、G76 等。

第 **5** 章

四轴零件加工编程实例

▍**内 容** ⋯⋯⋯

通过两个实例来分别说明四轴零件加工刀具路径的操作过程，同时对相关的数控工艺知识做必要的介绍。在圆柱或圆锥面上加工槽、凸台、孔是比较常见的，Mastercam 2017 软件的铣削制造模块可以高效、快速地编制四轴零件的加工程序。

▍**目 的** ⋯⋯⋯

通过本章实例讲解，使读者熟悉和掌握用 Mastercam 2017 软件进行四轴零件刀具路径的编制，了解相关四轴加工工艺知识和编程思路。两个典型实例在企业中实用价值较高，案例中没有把图样尺寸公差标注出来，希望读者在学习过程中着重注意如何综合运用各种刀路和工艺思路进行数控加工。

5.1 限位轴的加工编程

5.1.1 加工任务概述

下面介绍限位轴零件的加工，其三维模型如图 5-1 所示。

图 5-1　限位轴模型

限位轴就是实现设备上位置限制的轴。对这样的加工形状，可以使用 2D 挖槽、外形铣削、钻孔来加工，假设限位轴精车工序已完成，在这个例子中利用实体轮廓和提取轴线来进行刀路的编制。

本节加工任务：一道工序共完成四个操作：粗、精铣槽及点孔和钻孔。

5.1.2　编程前的工艺分析

限位轴的加工工艺制订见表 5-1。

表 5-1　限位轴的加工工艺

工　序	加工内容	加工方式	机　床	刀　具	夹　具
10	粗铣槽	2D 挖槽	四轴立式加工中心	ϕ10 平底刀	图 5-2
	精铣槽	2D 外形铣削	四轴立式加工中心	ϕ6 立铣刀	图 5-2
	点孔	钻孔	四轴立式加工中心	ϕ10 定位钻	图 5-2
	钻孔	钻孔	四轴立式加工中心	ϕ10 钻头	图 5-2

限位轴的装夹位置如图 5-2 所示。

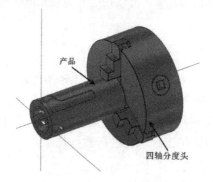

图 5-2　限位轴装夹示意图

5.1.3　加工模型的准备

1）限位轴的模型准备有两种方法。

① 使用 Mastercam 2017 的 CAD 命令，主要用圆、拉伸、缠绕、片体加厚、布尔运算等命令来绘制，详细过程这里不作介绍，如图 5-3 所示。

图 5-3　限位轴加工模型

② 将其他 CAD 软件的图形文件转换到 Mastercam 2017 中。

2）将限位轴的旋转中心设为加工坐标系，左端面为 X 轴原点。

5.1.4　毛坯、刀具的设定

1. 毛坯的设定

在"机床群组属性"里的"毛坯设置"选项下进行圆柱体的定义，圆柱直径为 60.0，高度为 130.0，如图 5-4 所示，或者选择"所有实体"自动实体捕捉参数，限位轴孔材料为 45 钢。

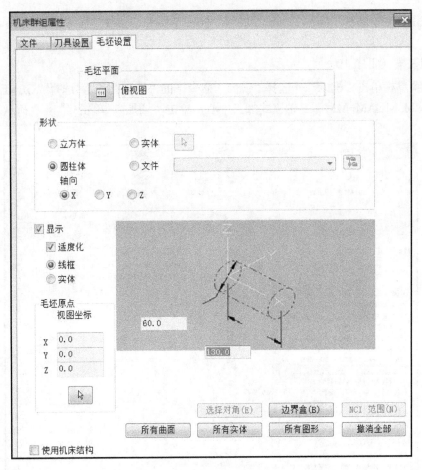

图 5-4　毛坯定义

2. 刀具的设定

在菜单栏单击"刀路"，选择"刀具管理"命令，显示"刀具管理"对话框，在列表空白处单击右键，单击"创建新刀具"，依次把 ϕ10 平底刀、ϕ6 立铣刀、ϕ10 定位钻、ϕ10 钻头全部创建好，如图 5-5 所示。

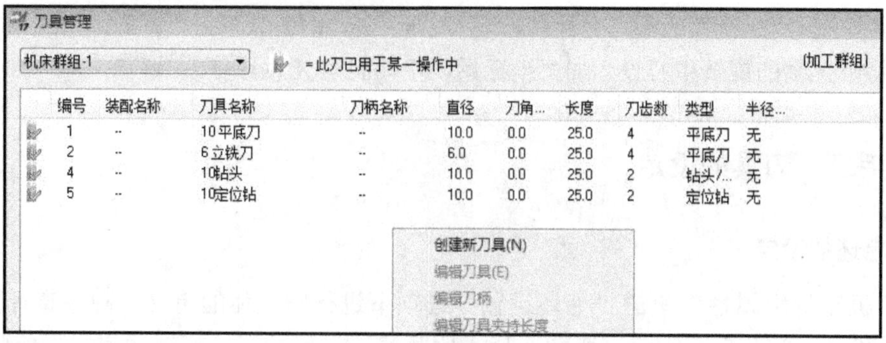

图 5-5 "刀具管理"对话框

5.1.5 编程详细操作步骤

1. 粗铣槽（工序 10）

1）在菜单栏单击"机床"→选择"铣床"命令下的"管理列表"，选择"GENERIC HAAS 4X MILL MM. MCAM-MM"三轴立式加工中心，单击"增加"，单击""确认，如图 5-6 所示。

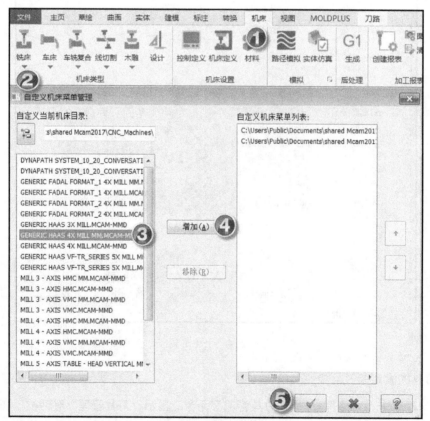

图 5-6 选择机床文件

2）在菜单栏单击"刀路"，选择 2D 挖槽"挖槽"图标 ，弹出"串连选项"对话框，

点选 "3D"，选择槽底外形，如图 5-7 所示。

图 5-7 实体串连

3）选择好实体串连后，软件系统会自动弹出 "2D 刀路-2D 挖槽" 对话框，单击 "刀具" 选项卡，选择已建好的 ϕ10 平底刀，设定主轴转速：1500、进给速率：150.0、下刀速率：50.0、刀号：1、刀长和半径补正：1，如图 5-8 所示。

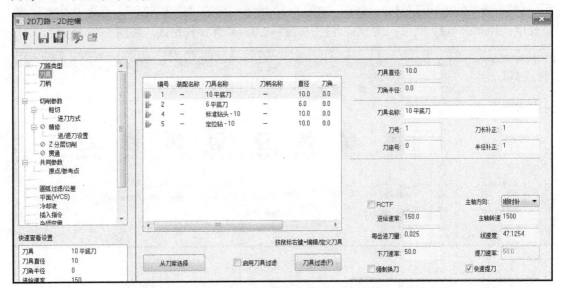

图 5-8 设置刀具参数

切削参数包括主轴转速、进给速率、背吃刀量等，受机床的刚性、夹具、工件材料和刀具材料的影响，设定的切削参数差异很大，本例切削参数仅供参考。对于简单四轴零件，加工刀柄可以不用考虑，当遇到特殊复杂的零件时需要增加刀柄进行检测，防止有碰撞。

4）单击"切削参数"选项卡，进行加工参数的设置。加工方向：顺铣，挖槽加工方式：标准，壁边预留量：0.25，底面预留量：0.0，其余参数默认，如图 5-9 所示。

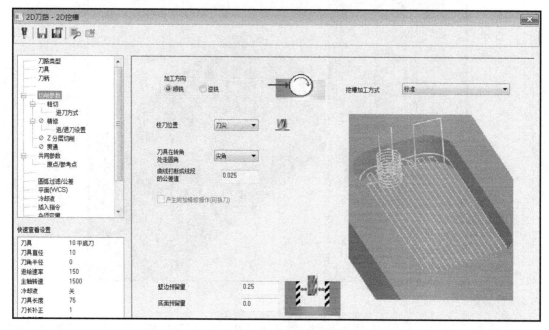

图 5-9　设置切削参数

5）选择"切削参数"选项卡，单击"粗切"选项，勾选"粗切"，"切削方式"选择"等距环切"，切削间距（直径%）：55.0，如图 5-10 所示；单击"进刀方式"，点选"斜插"，最小长度：10.0%，最大长度：50.0%，进刀角度：2.0，其余参数默认，如图 5-11 所示。

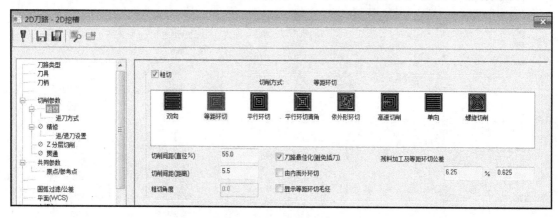

图 5-10　设置粗切方式

6）单击"共同参数"选项卡，勾选"安全高度"，设为 100.0，点选"绝对坐标"，勾选"只有在开始及结束操作才使用安全高度"；勾选"参考高度"，设为 55.0；下刀位置：2.5，点选"增量坐标"；工件表面：0.0，点选"绝对坐标"；深度：0.0，如图 5-12 所示。

7）单击"圆弧过滤/公差"选项卡，将"总公差"设为 0.01，勾选"线/圆弧过滤设置"，"最小圆弧半径"设为 1.0，其余参数默认，如图 5-13 所示。

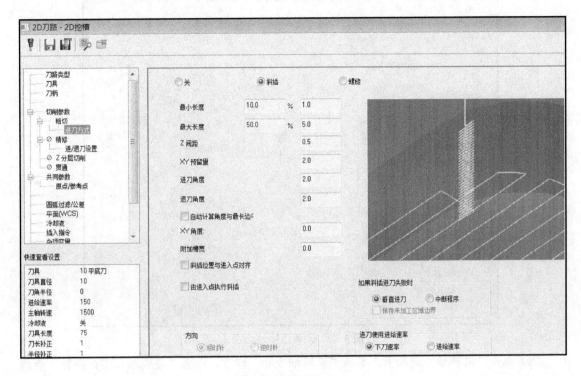

图 5-11　设置进刀方式

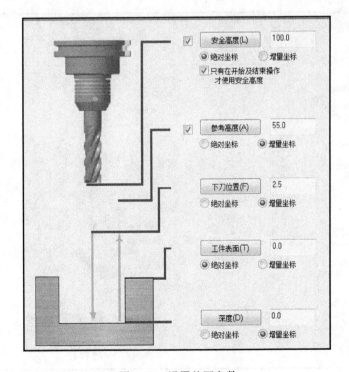

图 5-12　设置共同参数

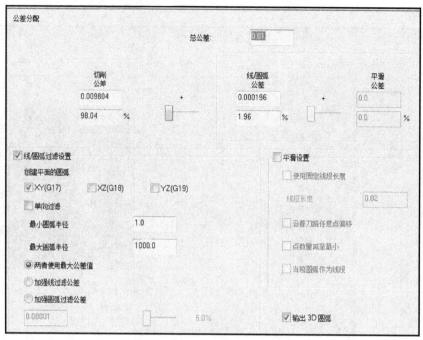

图 5-13　设置圆弧过滤/公差

8）单击"替换轴"选项卡，单击"旋转轴控制"选项，点选"替换轴"，"替换轴"点选
"替换 Y 轴"，"旋转轴方向"设为"顺时针"，旋转直径：60.0，勾选"展开"，展开公差：
0.01，如图 5-14 所示。

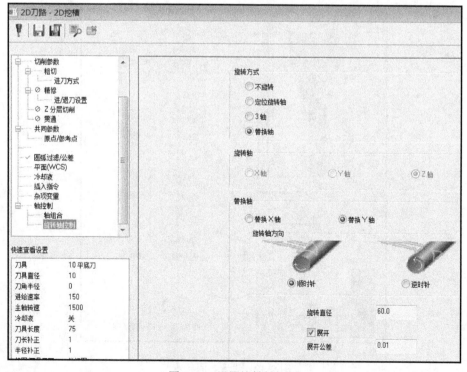

图 5-14　设置旋转轴控制

9）参数设置完成单击"　✓　"确认，刀具路径自动生成，如图 5-15 所示。

图 5-15　刀具路径

2. 精铣槽（工序 10）

1）在菜单栏单击"刀路"，选择 2D 铣削"外形"命令，弹出"串连选项"对话框，点选"3D"，选择实体槽底串连曲线，如图 5-16 所示。选择好实体串连后，弹出"外形铣削"对话框，单击"刀具"选项卡，选择已建好的刀具ϕ6 立铣刀，设定主轴转速：3500、进给速率：150.0、下刀速率：100.0，如图 5-17 所示。

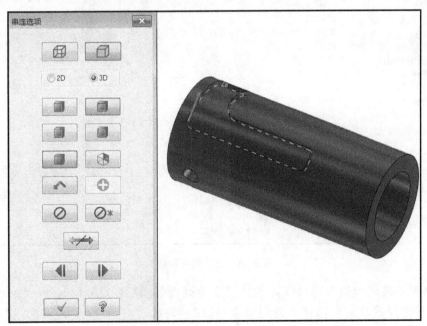

图 5-16　实体串连

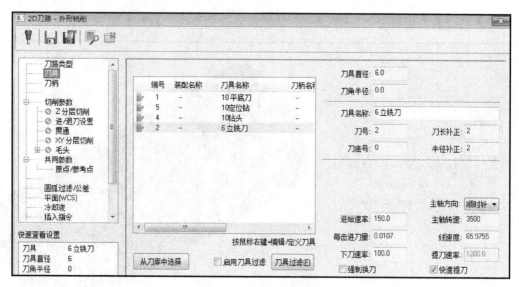

图 5-17　设置刀具参数

2）单击"切削参数"选项卡，进行加工参数的修改，将"补正方式"修改为"磨损"，"壁边预留量"为 0.0，"底面预留量"为 0.0，外形铣削方式：3D，其余参数默认，如图 5-18 所示。

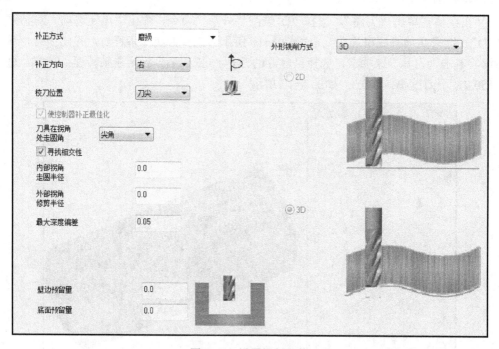

图 5-18　设置切削参数

3）单击"共同参数"选项卡，勾选"安全高度"，设为 110.0，点选"绝对坐标"，勾选"只有在开始及结束操作才使用安全高度"；勾选"参考高度"，设为：25.0，点选"增量坐标"；下刀位置：2.0，点选"增量坐标"；工件表面：0.0，点选"绝对坐标"；

深度：0.0，如图 5-12 所示。

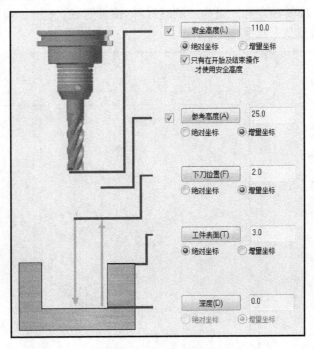

图 5-19　设置共同参数

4）单击"圆弧过滤/公差"选项卡，将"总公差"设为 0.01，勾选"线/圆弧过滤设置"，"最小圆弧半径"设为 1.0，其余参数默认，如图 5-20 所示。

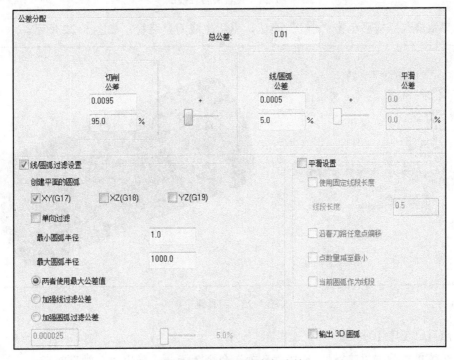

图 5-20　设置圆弧过滤/公差

5）单击"轴控制"选项卡，单击"旋转轴控制"选项，点选"替换轴"，"替换轴"点选"替换 Y 轴"，"旋转轴方向"设为"顺时针"，旋转直径：60.0，勾选"展开"，展开公差：0.01，其余参数默认，如图 5-21 所示。

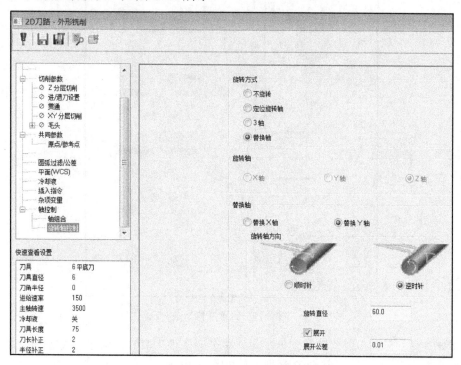

图 5-21　设置旋转轴控制

6）参数修改完成后单击"　　"确认，重新生成刀具路径，如图 5-22 所示。

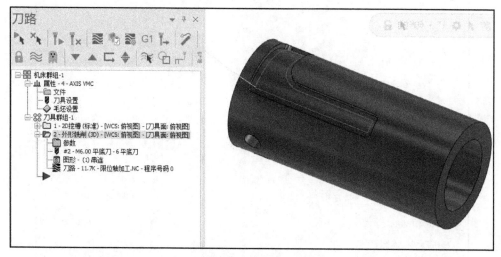

图 5-22　刀具路径

3. 点孔（工序 10）

1）在菜单栏单击"建模"，选择"孔轴"命令图标　，弹出"孔轴"对话框，勾选"轴线""点","位置"点选"顶部","圆"可以不勾选,选择内孔实体面,自动生成孔的中心线,如图 5-23 所示。

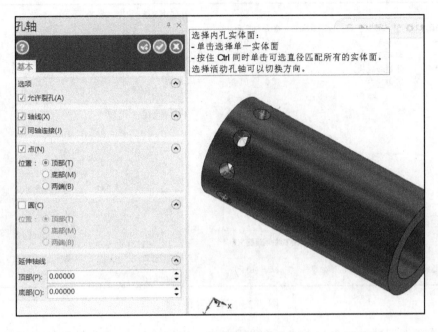

图 5-23　提取孔的轴线点

2）在菜单栏单击"刀路",选择 2D 孔加工"钻孔"图标，弹出"选择钻孔位置"对话框,选择孔的位置,如图 5-24 所示。

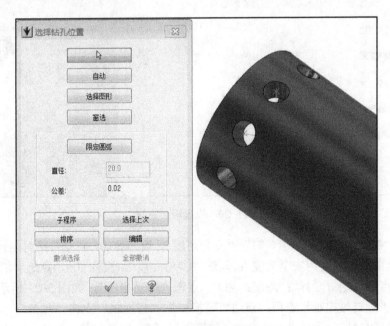

图 5-24　选择孔的位置

3）选择好孔位置后，软件系统会自动弹出"2D 钻孔"对话框，单击"刀具"选项卡，选择已建好的ϕ10定位钻，设定主轴转速：1000、进给率：80，如图 5-25 所示。

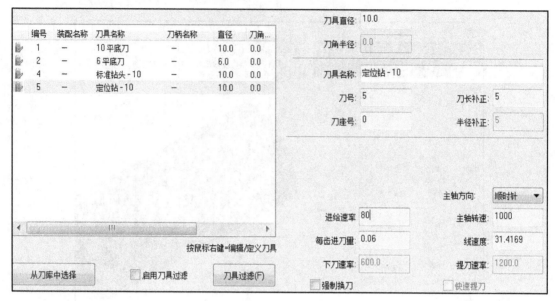

图 5-25　设置刀具参数

4）单击"切削参数"选项卡，"循环方式"设为"钻头/沉头钻"（G81/G82），如图 5-26 所示。

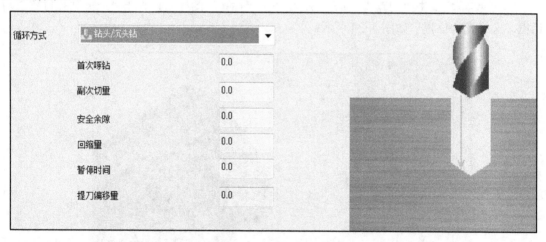

图 5-26　设置切削参数

5）单击"共同参数"选项卡，勾选"安全高度"，设为50.0，点选"绝对坐标"，勾选"只有在开始及结束操作才使用安全高度"；勾选"参考高度"，设为 3.0，点选"增量坐标"；工件表面：0，点选"绝对坐标"；深度：–3.0，点选"增量坐标"，如图 5-27 所示。

6）单击"旋转轴控制"选项，点选"替换轴"，"替换轴"点选"替换 Y 轴"，"旋转轴方向"设为"顺时针"，旋转直径：60.0，勾选"展开"，展开公差：0.01，如图 5-28 所示。

7）参数设置完成单击"　✓　"确认，自动生成刀具路径，如图 5-29 所示。

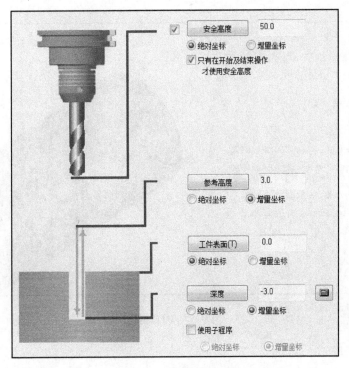

图 5-27 设置切削参数

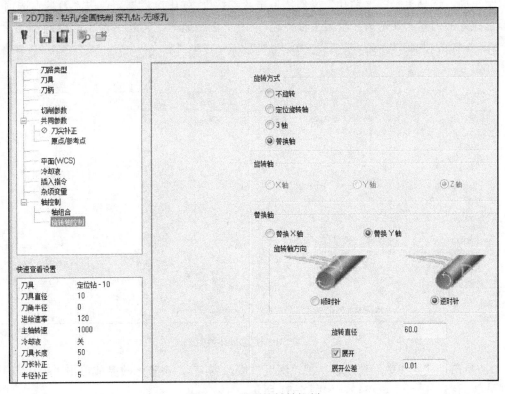

图 5-28 设置旋转轴控制

图 5-29　刀具路径

4. 钻孔（工序 10）

1）在"操作管理器"选择"点孔"，使用组合键 Ctrl+C 和 Ctrl+V 进行操作，粘贴到操作群组里面，选择复制的"钻孔"操作，单击"参数"，弹出对话框，单击"刀具"选项卡，选择已建好的刀具 ϕ10 钻头，设定主轴转速：800、进给速率：60.0，如图 5-30 所示。

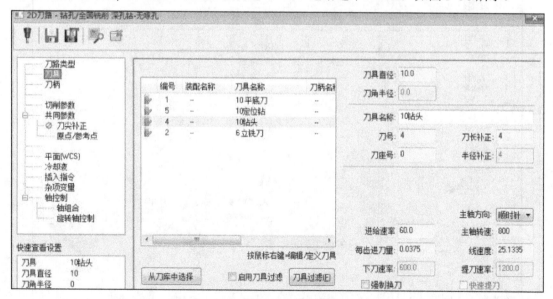

图 5-30　设置刀具参数

2）单击"共同参数"选项卡，把"深度"修改为–15，参数修改完成单击"　"确认，重新计算刀路，自动生成路径，如图 5-31 所示。

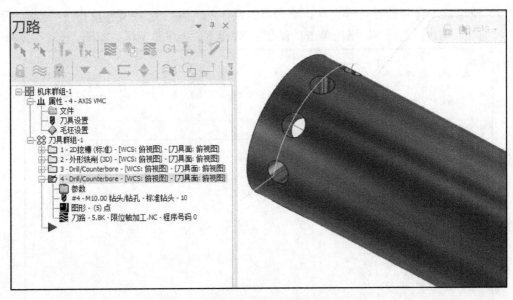

图 5-31　刀具路径

5.1.6　NC 仿真及后处理

1）在"操作管理器"中，单击图标"�﹅"选择所有操作，单击验证图标"🔲"，弹出实体模拟仿真对话框，单击播放图标"▶"进行实体模拟仿真，结果如图 5-32 所示。

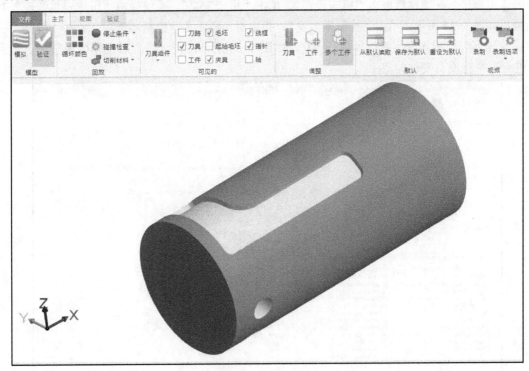

图 5-32　实体模拟仿真

2）使用机床自带的后处理文件，单击"刀路"→"▣"选择所有操作→"G1"后处理→"✓"确认，选择 NC 路径单击"保存"，弹出 NC 程序对话框，如图 5-33 所示。

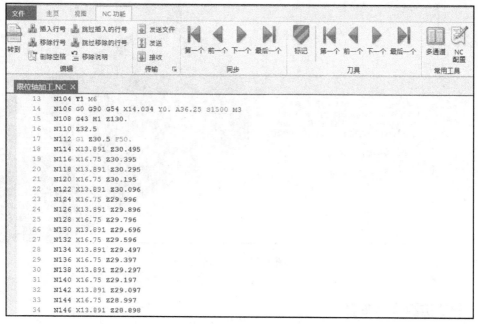

图 5-33　NC 程序

3）默认四轴后处理生成的程序 F 进给速率是动态变化的，让 F 进给速率按照刀具参数设定的值出程序，在菜单栏单击"机床设置"，单击"机床定义"，系统弹出"机床定义管理"对话框，如图 5-34 所示。单击"控制器定义"，弹出对话框，在"控制器选项"单击"旋转"→"进给速率"，"旋转"点选"单位/分钟"，如图 5-35 所示。设定完成后重新生成程序。看看 F 进给速率有没有变化？

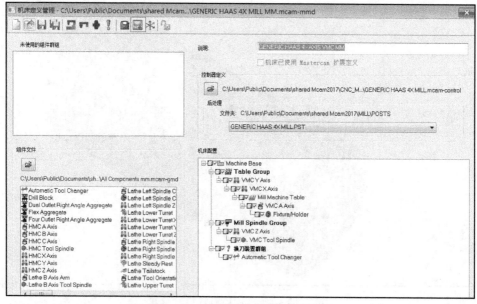

图 5-34　"机床定义管理"对话框

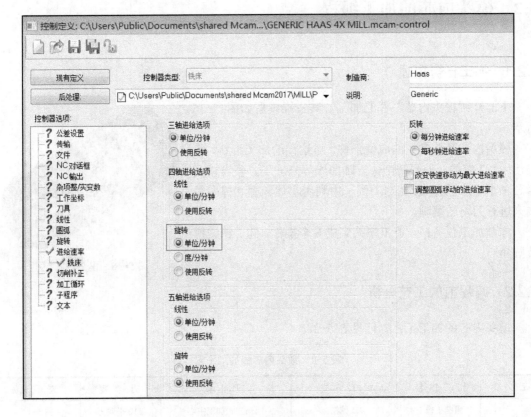

图 5-35 "控制定义"对话框

4）编程完成后将所有操作工序确认无误后填写好程序单，交到 CNC 车间安排加工。（CNC 程序单模板见附录，仅供参考。）

5.1.7 工程师经验点评

通过限位轴的实例编程学习，并根据光盘提供的模型文件练习编程，深刻理解四轴挖槽及钻孔加工技巧。现总结如下：

1）正常情况需要把槽的轮廓线展开然后再加工，而本例直接使用 3D 实体轮廓，这样可以节约很多烦琐的操作时间。

2）实体上面的孔可以通过孔轴命令直接提取孔的轴线、点、圆，有了这些轴线，可大大提高编程效率。

3）在实际生产过程中经常遇到 3+1 定面加工，可以通过手工编辑程序加入 A 轴的旋转角度实现定面加工。那么 Mastercam 2017 软件是怎么实现的呢？首先确定好机床控制器和坐标系，当作 3 轴编程完成后通过刀路旋转命令复制即可，一般情况旋转视图为右侧视图；如果产品加工面的形状和大小不一样，可以通过创建新的加工平面完成程序的编制，在第 6 章会重点介绍如何创建新的加工平面。

5.2 模头内芯的加工编程

5.2.1 加工任务概述

下面介绍模头内芯零件的加工，其三维模型如图 5-36 所示。

模头内芯是挤塑机的成型部件。对这样的加工形状，可以使用 2D 挖槽、外形铣削、五轴曲线等来加工，假设模头内芯精车工序已完成，在这个例子中利用实体轮廓和提取轴线来进行刀路的编制。

本节加工任务：一道工序共完成 6 个操作，粗、精铣槽及圆角。

图 5-36　模头内芯模型

5.2.2 编程前的工艺分析

模头内芯的加工工艺制订见表 5-2。

表 5-2　模头内芯的加工工艺

工　序	加工内容	加工方式	机　床	刀　具	夹　具
	粗铣主槽 1	2D 挖槽	四轴立式加工中心	ϕ12 平底刀	图 5-37
	粗铣主槽 2	2D 挖槽	四轴立式加工中心	ϕ12 平底刀	图 5-37
	粗铣分流槽	2D 外形铣削	四轴立式加工中心	R6 球刀	图 5-37
10	精铣槽底	2D 挖槽	四轴立式加工中心	R6 球刀	图 5-37
	螺旋槽	五轴曲线	四轴立式加工中心	R7 球刀	图 5-37
	倒圆角	等高	四轴立式加工中心	R6 球刀	图 5-37

模头内芯的装夹位置如图 5-37 所示。

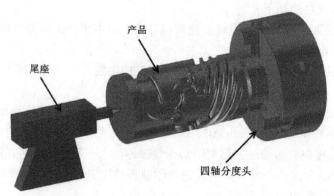

图 5-37　模头内芯装夹示意图

5.2.3　加工模型的准备

1）模头内芯的模型准备有两种方法。

① 使用 Mastercam 2017 的 CAD 命令圆、拉伸、缠绕、片体加厚、扫描、倒圆角、布尔运算等来绘制，详细过程这里不作介绍，如图 5-38 所示。

图 5-38　模头内芯加工模型

② 将其他 CAD 软件的图形文件转换到 Mastercam 2017 中。

2）将模头内芯的旋转中心设为加工坐标系，左端面为 X 轴原点。

5.2.4　毛坯、刀具的设定

1. 毛坯的设定

1）在"机床群组属性"里的"毛坯设置"选项下进行定义。为了使模拟仿真达到真实效果，利用 Mastercam 2017 的 CAD 功能把模头内芯精车完成的毛坯绘制出来，通过选择实体定义毛坯，如图 5-39 所示，模头内芯材料为 35CrMo。

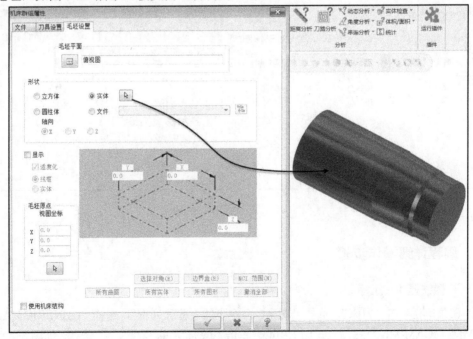

图 5-39　毛坯定义

2）在加工模头内芯之前重点需要把主槽轮廓、分流槽中心线、螺旋槽中心线三组曲线提取出来，然后把主槽轮廓、分流槽中心线通过缠绕功能把曲线展开。主要使用 Mastercam 2017 的 CAD 功能由实体生成曲面、单一边界线等命令来提取展开曲线，详细过程这里不作介绍，如图 5-40 所示。

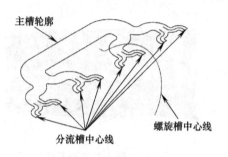

图 5-40　辅助曲线

注：

在多轴编程过程中，经常会遇到做辅助的工艺曲面曲线，此工作比较烦琐，需要读者对软件 CAD 模块曲面曲线非常熟悉；关于四轴缠绕展开问题，不是所有的四轴零件都需要展开，可以直接使用 3D 实体轮廓来进行程序编制。

2. 刀具的设定

在菜单栏单击"刀路"，选择"刀具管理"命令，显示"刀具管理"对话框，在列表空白处单击右键，单击"创建新刀具"，依次把 ϕ12 平底刀、R6 球刀、R7 球刀全部创建好，如图 5-41 所示。

编号	装配名称	刀具名称	刀柄名称	直径	刀角…	长度	刀齿数	类型	半径…
2		12平底刀	B6C4-0032	12.0	0.0	25.0	4	平底刀	无
4		R7球刀	BT50 - CR 1…	14.0	7.0	25.0	4	球刀	全部
5		R6球刀	BT50 - CR1…	12.0	6.0	25.0	2	球刀	全部

刀具管理

Machine Group-1　　　＝此刀已用于某一操作中　　　（加工群组）

创建新刀具(N)
编辑刀具(E)
编辑刀柄
编辑刀具夹持长度
编辑装配名称

图 5-41　"刀具管理"对话框

5.2.5　编程详细操作步骤

1. 开粗铣槽 1（工序 10）

1）在菜单栏单击"机床"，选择"铣床"命令下的"管理列表"，选择"GENERIC HAAS 4X MILL MM. MCAM-MM"三轴立式加工中心，单击"增加"，单击"　✓　"确认，如图 5-42 所示。

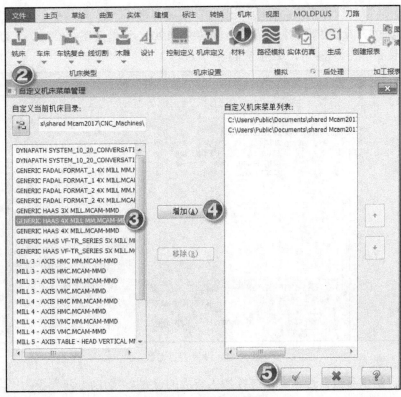

图 5-42　选择机床文件

2）在菜单栏单击"刀路"，选择 2D 高速刀路"区域"图标，弹出"串联选项"对话框，加工范围选择主槽外形，选择主槽外形，如图 5-43 所示。

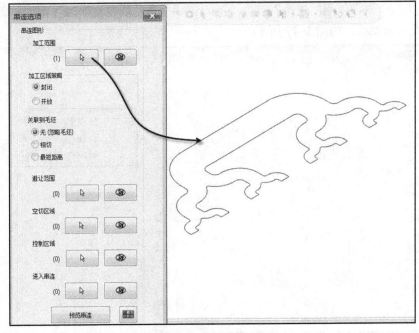

图 5-43　串连轮廓

3）选择好轮廓后软件系统会自动弹出"2D 高速刀路-区域"对话框，单击"刀具"选项卡，选择已建好的刀具φ12 平底刀，设定主轴转速：1200、进给速率：300.0、下刀速率：50.0、刀号：1、刀长和半径补正：1，如图 5-44 所示。

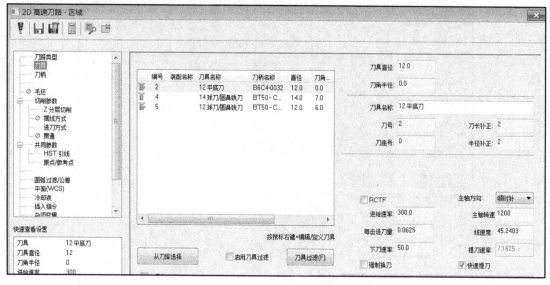

图 5-44　设置刀具参数

4）单击"切削参数"选项卡，进行加工参数的设置。"切削方向"设为"顺铣"，"XY步进量"的"刀具直径%"为 60.0，"两刀具切削间隙保持在"点选"距离"输入 12.0，"壁边预留量"为 1.0，"底面预留量为"0.0，其余参数默认，如图 5-45 所示；单击"Z 分层切削"，勾选"深度分层切削"，"最大粗切步进量"设为 1.0，如图 5-46 所示；单击"进刀方式"，点选"斜插进刀"，"进刀使用的进给"点选"下刀速率"，"Z 高度设"为 1.0，"进刀角度"设为 2.0，其余参数默认，如图 5-47 所示。

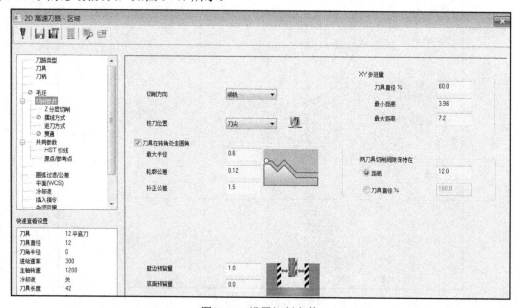

图 5-45　设置切削参数

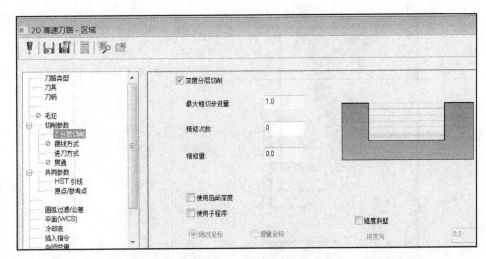

图 5-46　设置 Z 分层切削

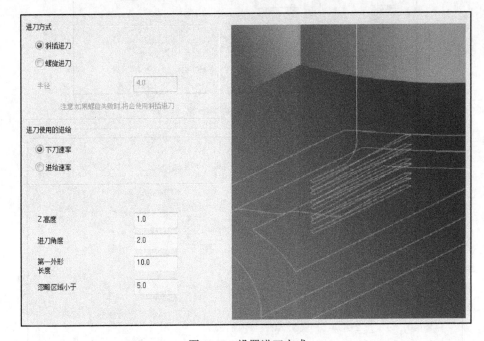

图 5-47　设置进刀方式

5）单击"共同参数"选项卡，勾选"安全高度"，设为 100.0，点选"绝对坐标"，勾选"只有在开始和结束操作才使用安全高度"；勾选"参考高度"，设为25.0，点选"增量坐标"；下刀位置：2.0，点选"增量坐标"；工件表面：0.0，点选"绝对坐标"；深度：−9.0，如图 5-48 所示。

6）单击"圆弧过滤/公差"选项卡，将"总公差"设为0.01，勾选"线/圆弧过滤设置"，"最小圆弧半径"设为1.0，其余参数默认，如图 5-49 所示。

7）单击"旋转轴控制"选项，点选"替换轴"，"替换轴"点选"替换 Y 轴"，"旋转轴方向"设为"顺时针"，旋转直径：138.0，如图 5-50 所示。

数控加工编程应用实例

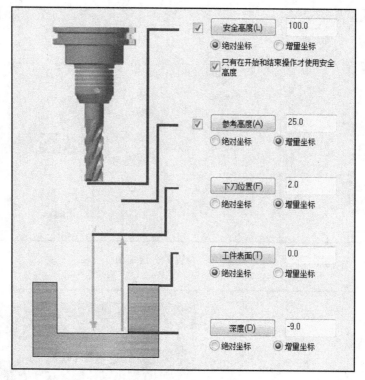

图 5-48 设置共同参数

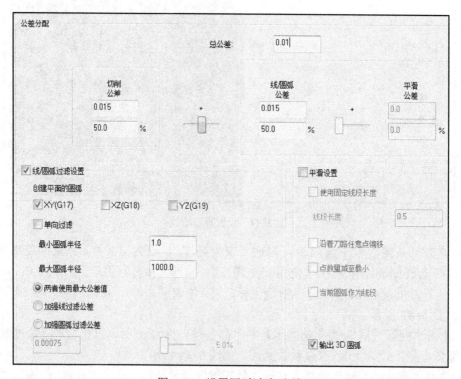

图 5-49 设置圆弧过滤/公差

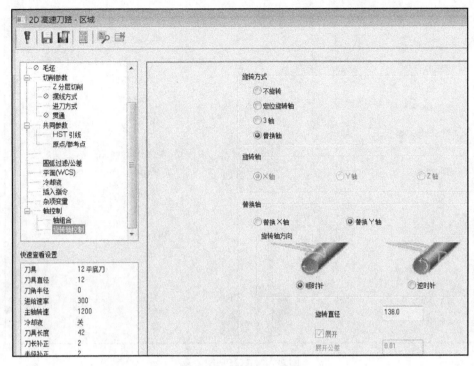

图 5-50　设置旋转轴控制

8）参数设置完成单击"　✔　"确认，刀具路径自动生成，如图 5-51 所示。

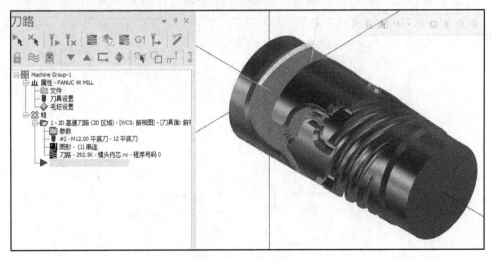

图 5-51　刀具路径

2. 粗铣主槽 2（工序 10）

1）在"操作管理器"选择粗加工"2D 高速刀路-区域"，使用组合键 Ctrl+C 和 Ctrl+V 进行操作，粘贴到操作群组里面，选择复制的"2D 高速刀路-区域"操作，单击"参数"，弹出对话框，单击"切削参数"选项卡，"XY 步进量"的"刀具直径%"设为 50.0，把"壁边预留量"修改为 6.0（底面圆角 R6），"底面预留量"修改为 0.3，其余参数默认，如图 5-52 所示。

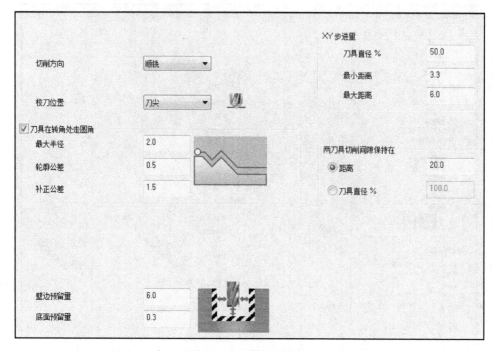

图 5-52　设置切削参数

2）单击"共同参数"选项卡，把"工件表面"修改为–9.0，"深度"修改为–15.0，如图
5-53 所示，参数设置完成单击 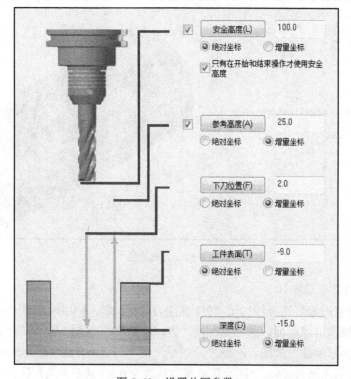 确认，重新生成刀具路径，如图 5-54 所示。

图 5-53　设置共同参数

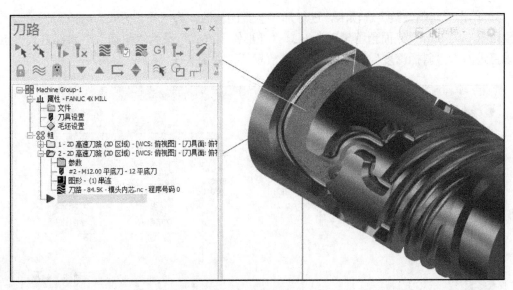

图 5-54　刀具路径

3. 粗铣分流槽（工序 10）

1）在菜单栏单击"刀路"，选择 2D 铣削加工"外形铣削"图标，弹出"选择串连"对话框，选择串连外形，如图 5-55 所示。

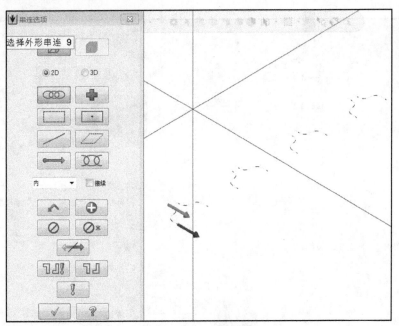

图 5-55　串联外形

2）选择好外形轮廓后软件系统会自动弹出"2D 外形铣削"对话框，单击"刀具"选项卡，选择已建好的 R6 球刀，设定主轴转速：800、进给速率：300.0、下刀速率：50.0，如图 5-56 所示。

3）单击"切削参数"选项卡，进行加工参数的修改。将"补正方式"修改为"关"，"壁边预留量"为 0.0，"底面预留量"为 0.3，"外形铣削方式"设为"斜插"，"斜插方式"点选"垂直进刀"，"斜插深度"为 0.5，其余参数默认，如图 5-57 所示。

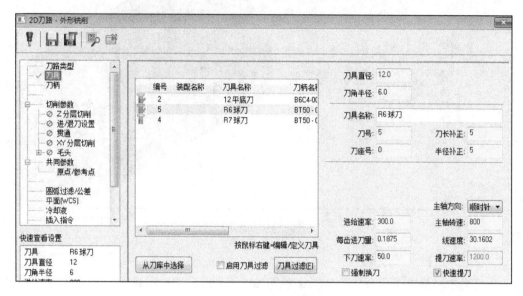

图 5-56　设置刀具参数

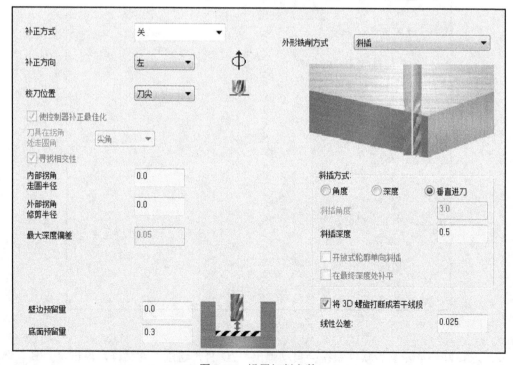

图 5-57　设置切削参数

4）单击"共同参数"选项卡，勾选"安全高度"，设为 100.0，点选"绝对坐标"，勾选"只有在开始及结束操作才使用安全高度";勾选"参考高度",设为 25.0,点选"增量坐标";下刀位置:2.0,点选"增量坐标";工件表面:0.0,点选"增量坐标";深度:–15.0,如图 5-58 所示。

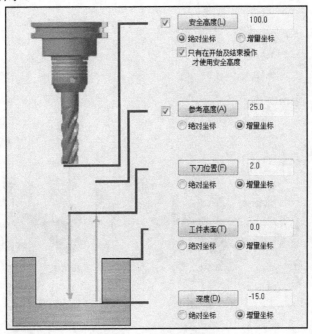

图 5-58　设置共同参数

5)单击"圆弧过滤/公差"选项卡,将"总公差"设为 0.01,勾选"线/圆弧过滤设置","最小圆弧半径"设为 1.0,其余参数默认,如图 5-59 所示。

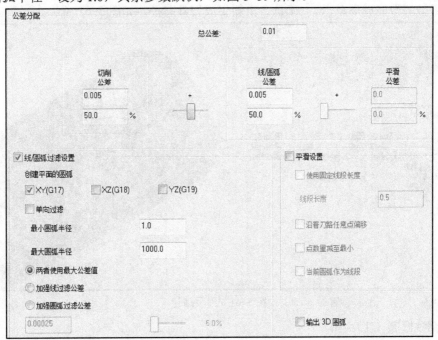

图 5-59　设置圆弧过滤/公差

6）单击"旋转轴控制"选项，点选"替换轴"，"替换轴"点选"替换 Y 轴"，"旋转轴方向"设为"顺时针"，旋转直径：138.0，其余参数默认，如图 5-60 所示。

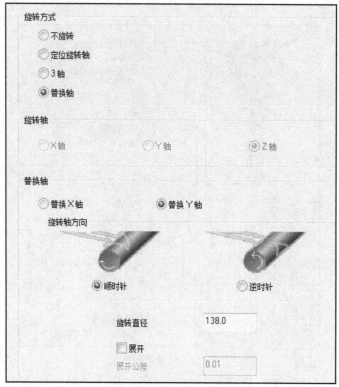

图 5-60　设置旋转轴控制

7）参数修改完成后单击　确认，重新生成刀具路径，如图 5-61 所示。

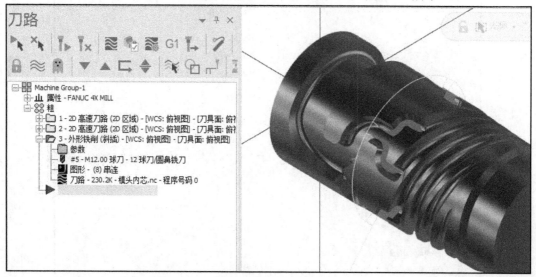

图 5-61　刀具路径

4. 精铣槽底（工序 10）

1）在"操作管理器"选择粗加工"粗铣主槽 1"，使用组合键 Ctrl+C 和 Ctrl+V 进行操作，粘贴到操作群组里面，选择复制的"2D 高速刀路-区域"操作，单击"参数"，弹出对话框，单击"刀具"选项卡，选择已建好的 R6 球刀，设定主轴转速：2500、进给速率：1500.0、下刀速率：100.0，如图 5-62 所示。

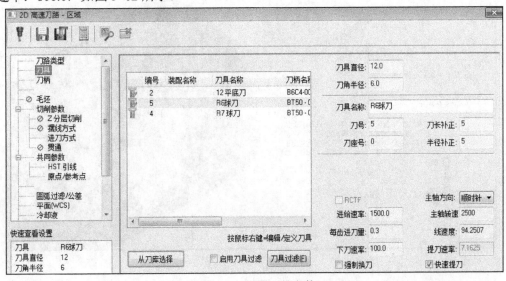

图 5-62　设置刀具参数

2）单击"切削参数"选项卡，把"壁边预留量"修改为 0.0，"底面预留量"修改为 0.0，设"XY 步进量"的"刀具直径%"为 3.0、"最小距离"为 0.198、"最大距离"为 0.36，其余参数默认，如图 5-63 所示。

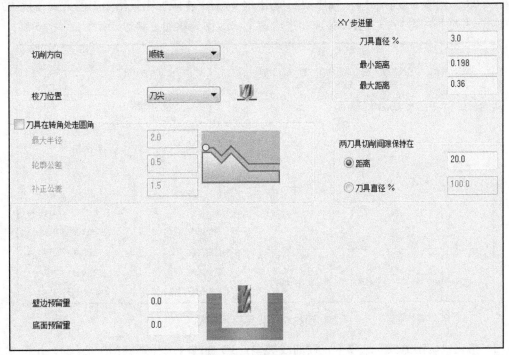

图 5-63　设置切削参数

3）单击"共同参数"选项卡，把"工件表面"修改为-14.7、"深度"修改为-15，参数修改完成后单击"✓"确认，重新生成刀具路径，如图5-64所示。

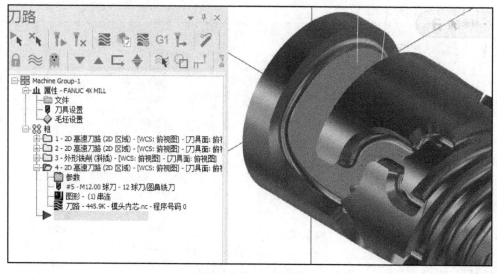

图5-64　刀具路径

5. 螺旋槽（工序10）

1）在菜单栏单击"刀路"→多轴加工"曲线"图标👆，弹出"多轴刀路曲线"对话框，单击"刀具"选项卡，选择已建好的 *R*6 球刀，设定主轴转速：800、进给速率：300.0、下刀速率：50.0，如图5-65所示。（程序编制使用 *R*6 球刀，实际加工采用骗刀的方式使用 *R*7 球刀加工，并把程序最后一刀主轴转速和进给速率修改作为精加工参数。）

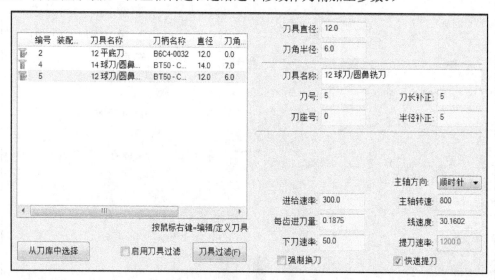

图5-65　设置刀具参数

2）单击"切削方式"选项卡，设曲线类型：3D曲线（选择螺旋槽中心线）、补正方式：关、径向补正：0.0、切削公差：0.01、最大步进量：0.3，其余参数默认，如图5-66所示。

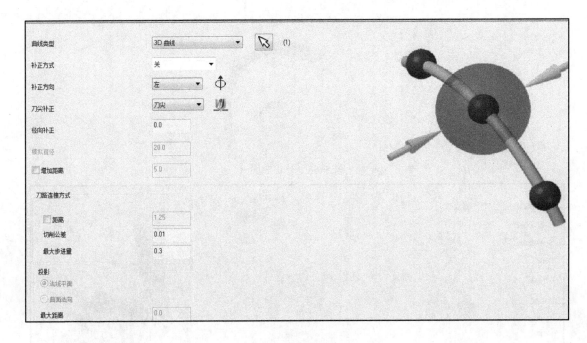

图 5-66　设置切削方式

3）单击"刀轴控制"选项卡，设刀轴控制：到点（选择坐标系原点）、输出方式：4 轴、旋转轴：X 轴、前倾角和侧倾角：0.0，其余参数默认，如图 5-67 所示。

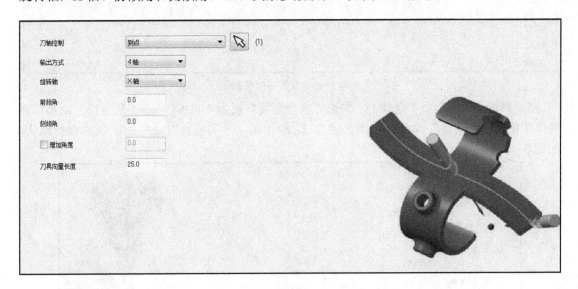

图 5-67　设置刀轴控制

4）单击"碰撞控制"选项卡，"刀尖控制"点选"在补正曲面上"（选择实体上提取螺旋槽曲面），如图 5-68 所示，如果不考虑粗、精加工，"预留量"全部设为 0.0，其余参数默认，如图 5-69 所示。

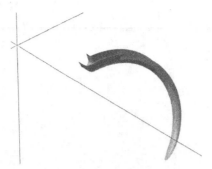

图 5-68　补正曲面

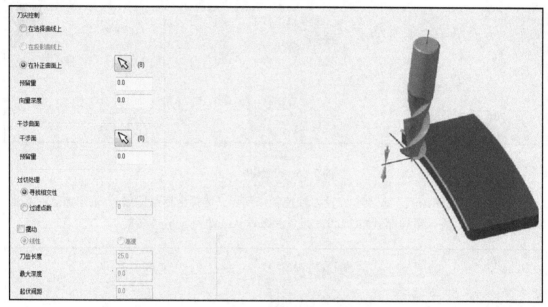

图 5-69　设置碰撞控制

5）单击"共同参数"选项卡，勾选"安全高度"设为 100.0，勾选"只有在开始和结束操作才使用安全高度"；勾选"参考高度"，设为 10.0；"下刀位置"设为 2.0，其余参数默认，如图 5-70 所示。

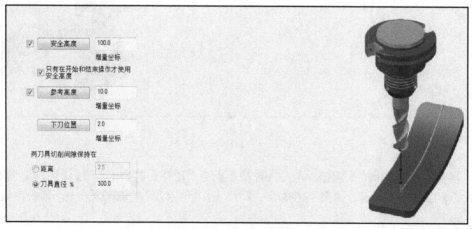

图 5-70　设置共同参数

6）单击"安全区域"选项卡，勾选"安全区域"，"形状"选为"圆柱 X"，"选择旋转轴"选为"X"，"尺寸"的"半径"设为 80.0、"长度"设为 310.0，其余参数默认，如图 5-71 所示。

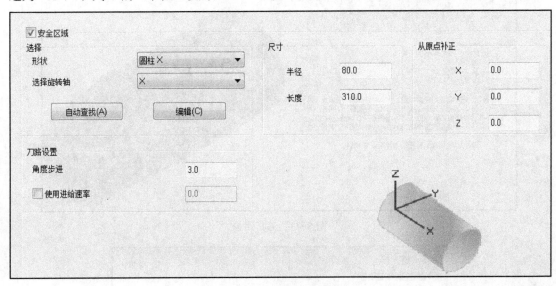

图 5-71　设置安全区域

7）单击"深度分层切削"选项卡，设粗切次数：30、粗切量：0.5、精修次数：1、精修量：0.25，"深度分层切削排序"点选"依照深度"，其余参数默认，如图 5-72 所示。参数设置完成后，单击 ✓ 确认，自动生成刀具路径，如图 5-73 所示。

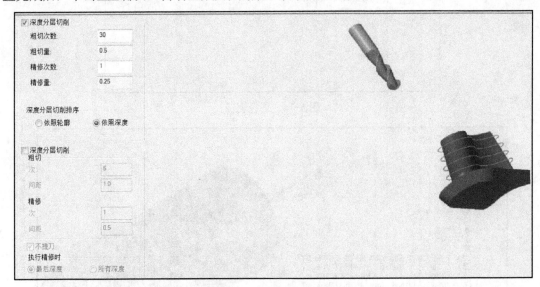

图 5-72　设置深度分层

8）单击菜单栏"刀路转换"选项卡，弹出"转换操作参数设置"对话框，选择螺旋槽加工操作，单击"旋转"选项卡，"实例"设为 7，勾选"旋转视图"，选择"左侧视图"，起始角度和增量角度设为 45.0，如图 5-74 所示，参数设置完成后单击"✓"确认，自动生成刀具路径，如图 5-75 所示。

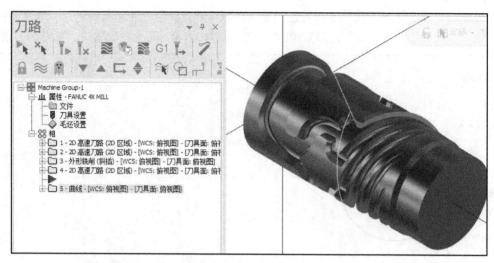

图 5-73　刀具路径

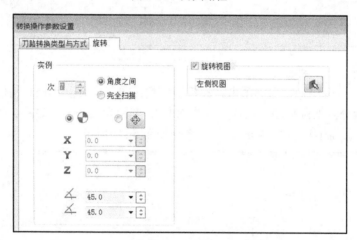

图 5-74　路径旋转

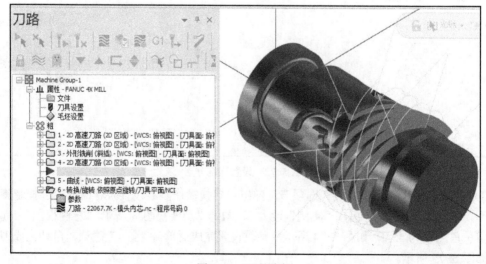

图 5-75　刀具路径

6. 倒圆角（工序 10）

1）在倒圆角之前需要创建一个新的加工平面，单击"操作管理器"下的"平面"，单击 ＋ ▾ 图标，选择"动态"，弹出"动态平面"对话框。先确定坐标系原点 0.0、0.0、0.0，然后将鼠标放在坐标系旋转线上面，等出现角度 0° 时输入 22.500，设置平面名称为倒圆角平面，其余参数默认，新的平面创建完成，如图 5-76 所示。把绘图平面设置为倒圆角平面，把倒圆角的切削范围线框大致绘制出来，如图 5-77 所示。（多轴加工经常需要创建新的加工平面，零件规则时可以通过图形或者实体面创建新的平面。）

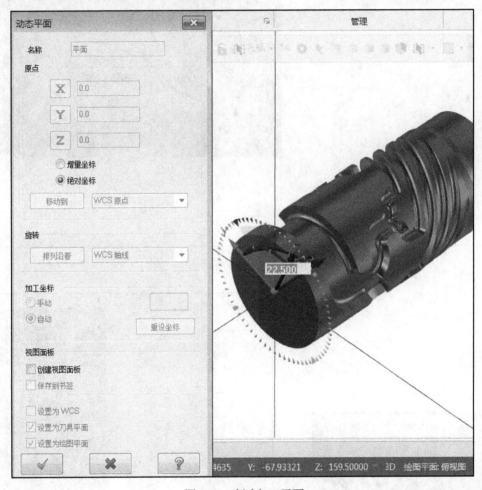

图 5-76　创建加工平面

2）在菜单栏单击"刀路"，选择 3D"外形"图标，弹出"选择加工曲面"对话框，选择倒圆角曲面，如图 5-78 所示；弹出"刀路曲面选择"对话框，选择"切削范围"，串连创建好线框，如图 5-79 所示；确定后系统会自动弹出"曲面精修等高"对话框，单击"刀具参数"选项卡，选择已建好的 R6 球刀，设定主轴转速：2500、进给速率：1500、下刀速率：50（切削参数仅供参考）。

3）单击"曲面参数"选项卡，勾选"安全高度"，设为 100.0；勾选"参考高度"，设为 25.0；"下刀位置"设为 2.0，如图 5-80 所示。

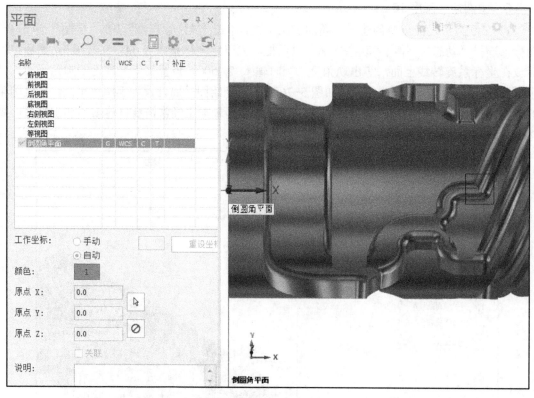

图 5-77　设置切削范围 1

图 5-78　选择加工曲面

图 5-79　设置切削范围 2

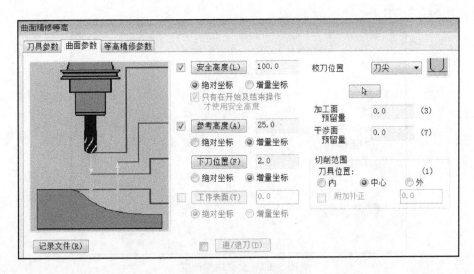

图 5-80　设置曲面参数

4）单击"等高精修参数"选项卡，"整体公差"设为 0.01，"Z 最大步进量"设为 0.15，勾选"切削排序最佳化"和"降低刀具负载"，"封闭轮廓方向"点选"顺铣"，"开放式轮廓方向"点选"双向"，"两区段间路径过渡方式"点选"打断"，其余参数默认，如图 5-81 所示。单击"切削深度"，弹出"切削深度设置"对话框，点选"绝对坐标"，设最高位置：66.0、最低位置：45.0，如图 5-82 所示。

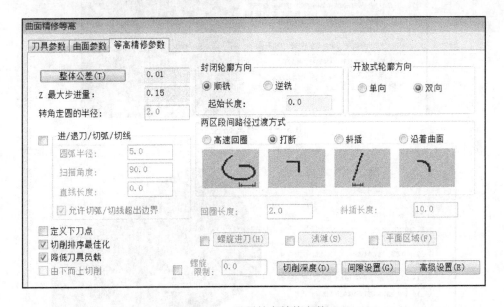

图 5-81　设置等高精修参数

5）参数设置完成单击"　✓　"确认，刀具路径自动生成，如图 5-83 所示。

6）单击菜单栏"刀路转换"选项卡，弹出"转换操作参数设置"对话框，选择倒圆角加工操作，路径旋转参数设置与图 5-74 相同。参数设置完成后单击"　✓　"确认，自动生成刀具路径，如图 5-84 所示。

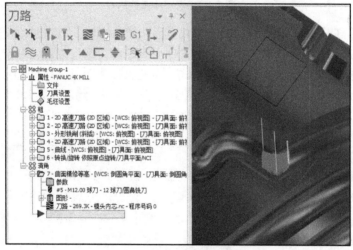

图 5-82　设置切削深度

图 5-83　刀具路径 1

图 5-84　刀具路径 2

5.2.6 NC 仿真及后处理

1）在"操作管理器"中，单击图标""选择所有操作，单击验证图标""，弹出实体模拟仿真对话框，单击播放图标""进行实体模拟仿真，结果如图 5-85 所示。

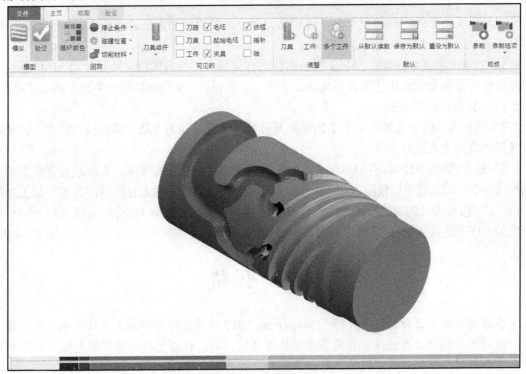

图 5-85　实体模拟仿真

2）使用机床自带的后处理文件，单击"刀路"→""选择所有操作→"G1"后处理→""确认，选择 NC 路径单击"保存"，弹出 NC 程序对话框，如图 5-86 所示。

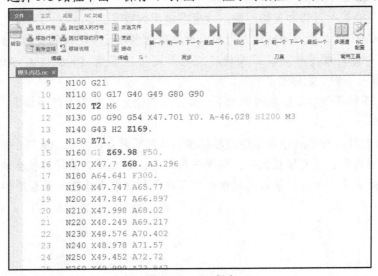

```
 9   N100 G21
10   N110 G0 G17 G40 G49 G80 G90
11   N120 T2 M6
12   N130 G0 G90 G54 X47.701 Y0. A-46.028 S1200 M3
13   N140 G43 H2 Z169.
14   N150 Z71.
15   N160 G1 Z69.98 F50.
16   N170 X47.7 Z68. A3.296
17   N180 A64.641 F300.
18   N190 X47.747 A65.77
19   N200 X47.847 A66.897
20   N210 X47.998 A68.02
21   N220 X48.249 A69.217
22   N230 X48.576 A70.402
23   N240 X48.978 A71.57
24   N250 X49.452 A72.72
25   N260 X49.999 A73.847
```

图 5-86　NC 程序

3）编程完成后将所有操作工序确认无误后填写好程序单，交到 CNC 车间安排加工。（CNC 程序单模板见附录，仅供参考。）

5.2.7　工程师经验点评

通过模头内芯的实例编程学习，并根据光盘提供的模型文件练习编程，深刻理解四轴挖槽及多轴曲线加工技巧。现总结如下：

1）主槽底面圆角处理并没有使用曲面粗切方式加工然后再缠绕，而是使用 2D 挖槽通过深度和壁边预留量的变化预留 R 圆角加工余量，最后通过 2D 挖槽切削步距改小精加工底面，巧妙地把 R 圆角加工出来。

2）模头内芯的加工难点在于工艺思路要开阔、曲线展开的方法、编程操作的方法，希望读者抓住本例重点进行学习。

3）螺旋槽的程序编制有很多加工方法，本例使用了多轴曲线命令，实际就是老版本的五轴曲线命令，该功能可以输出 3 轴、4 轴、5 轴程序，功能非常强大且实用，在 5 轴加工领域应用广泛；模头内芯的螺旋槽圆角大约是 $R7\text{mm}$，而本例使用 $R6$ 球刀编制，是因为用 $R7$ 球刀，生成的程序不是特别理想，采用骗刀方式用 $R6$ 球刀把程序生成出来，而实际加工使用 $R7$ 球刀。

本 章 小 结

本章通过两个四轴的案例介绍了 Mastercam 2017 软件常规四轴加工程序编制的全过程。有的四轴零件需要展开曲线，有的不需要展开曲线，一般根据图样的要求满足客户的需求即可。在四轴程序编制过程中需要注意以下问题，供大家参考。

1）在实际产品数控加工时，首先要对产品进行工艺分析，拟订好加工工艺路线，按照先面后孔的原则，合理安排加工顺序。

2）Mastercam 2017 的替换轴功能应用广泛，操作简单方便。因刀轴始终指向旋转中心，有时替换轴功能会产生过切和欠切现象，读者在使用时需要注意。

3）关于 FANUC 系统四轴旋转方向和就近原则的参数设定，四轴旋转方向把 2022 参数 A111 改成-111 即可改变转向，四轴旋转就近原则可把参数 1008 改为 A00000101 或者 A00000111，看一下哪个是你需要的。

4）在满足四轴零件加工要求的情况下，加工工艺优先考虑 3+1 定面加工，这样可以提高加工效率。

5）刀具路径转换功能是指当零件的形状相同，可经过多次平移、旋转、镜像生成刀具路径，可减少编程时间，提高编程效率。需要注意的是：通过刀具路径转换生成的刀路，需要仔细观察刀路是否存在问题，最好通过模拟仿真软件测试或者检查一下程序的正确性。

第6章

五轴零件加工编程实例

内 容

通过两个实例来分别说明五轴零件加工刀具路径的操作过程，同时对相关的数控工艺知识做必要的介绍。Mastercam 2017 五轴加工具有很高的计算速度、较强的插补功能、全程自动过切检查及处理能力、自动刀柄与夹具干涉检查、进给速率优化处理功能、刀具轨迹编辑优化功能、加工残余分析功能等，多轴模块可以高效、快速地编制五轴零件加工程序。

目 的

通过本章实例讲解，使读者熟悉和掌握用 Mastercam 2017 软件进行五轴零件刀具路径的编制，案例中没有把图样尺寸公差标注出来，读者重点了解五轴 3+2 定面和 5 轴联动加工工艺知识和编程思路，这种加工方式可以充分发挥加工中心的优势，一次装夹完成多个面的加工，提高加工效率和加工质量。

6.1 六角接头的加工编程

6.1.1 加工任务概述

下面介绍六角接头零件的加工，其三维模型如图 6-1 所示。

图 6-1 六角接头模型

六角接头是一种多面转换接头。对这样的加工形状，使用全圆铣削分层、钻孔加工，假设六角接头精车工序已完成，在这个例子中使用实体模型来进行刀路的编制。

本节加工任务：一道工序共完成 12 个操作：粗孔及钻孔。

6.1.2 编程前的工艺分析

六角接头的加工工艺制订见表 6-1。

表 6-1　六角接头的加工工艺

工　序	加工内容	加工方式	机　床	刀　具	夹　具
10	粗铣孔	全圆铣削	五轴加工中心	$\phi25R0.8$ 机夹刀	图 6-2
	精铣孔	全圆铣削	五轴加工中心	$\phi20$ 立铣刀	图 6-2
	倒角	钻孔	五轴加工中心	$\phi10$ 倒角刀	图 6-2
	点钻	钻孔	五轴加工中心	$\phi6$ 定位钻	图 6-2
	钻孔	钻孔	五轴加工中心	$\phi10$ 钻头	图 6-2
	倒角	钻孔	五轴加工中心	$\phi25$ 倒角刀	图 6-2
	3+2 粗铣孔	全圆铣削	五轴加工中心	$\phi25R0.8$ 机夹刀	图 6-2
	3+2 精铣孔	全圆铣削	五轴加工中心	$\phi20$ 立铣刀	图 6-2
	3+2 倒角	钻孔	五轴加工中心	$\phi10$ 倒角刀	图 6-2
	3+2 点钻	钻孔	五轴加工中心	$\phi6$ 定位钻	图 6-2
	3+2 钻孔	钻孔	五轴加工中心	$\phi8$ 钻头	图 6-2
	3+2 倒角	钻孔	五轴加工中心	$\phi25$ 倒角刀	图 6-2

六角接头的装夹位置如图 6-2 所示。

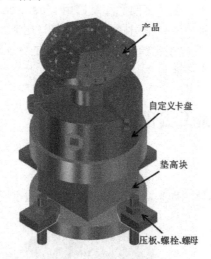

图 6-2　六角接头装夹示意图

6.1.3 加工模型的准备

1）六角接头的模型准备。可以使用 Mastercam 2017 的 CAD 命令绘制，详细过程这里不作介绍，本例将其他 CAD 软件的图形文件转换到 Mastercam 2017 中，如图 6-3 所示。

图 6-3　六角接头加工模型

2）将六角接头顶面孔中心设为加工坐标系，六角接头顶面为 Z 轴原点。

6.1.4　毛坯、刀具的设定

1. 毛坯的设定

在"机床群组属性"里的"毛坯设置"选项下进行定义，利用 Mastercam 2017 的 CAD 功能把六角接头精车完成的毛坯绘制出来，选择"实体"定义毛坯，如图 6-4 所示，六角接头材料为 4130。

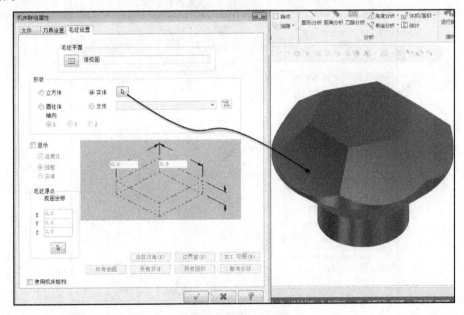

图 6-4　毛坯定义

2. 刀具的设定

在菜单栏单击"刀路"，选择"刀具管理"命令，显示"刀具管理"对话框，在列表空白处单击右击，单击"创建新刀具"，依次把φ25R0.8机夹刀、φ20立铣刀、φ10倒角刀、φ6定位钻、φ10钻头、φ8钻头、φ25倒角刀全部创建好，如图6-5所示。

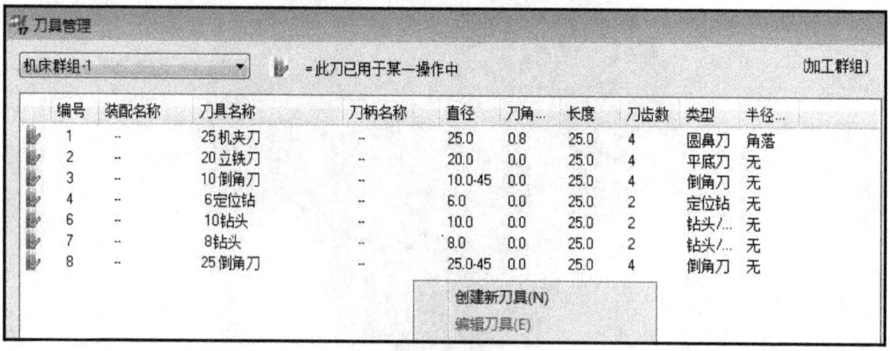

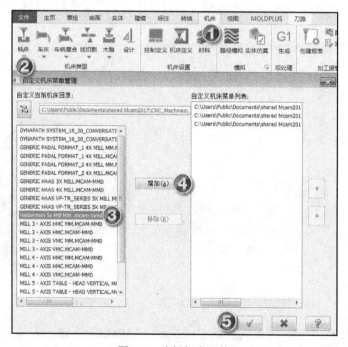

图6-5　刀具管理器

6.1.5　编程详细操作步骤

1. 粗铣孔（工序10）

1）在菜单栏单击"机床"，选择"铣床"命令下的"管理列表"，选择"Heidenhain 5x Mill MM.mcam-mmd"五轴双转台加工中心，单击"增加"，单击"　✓　"确认，如图6-6所示。（Heidenhain控制器需要用户添加进去。）

图6-6　选择机床文件

2）在菜单栏单击"刀路"，选择2D孔加工"全圆铣削"图标◎，弹出"选择钻孔位置"对话框，选择加工孔的圆心，如图6-7所示。

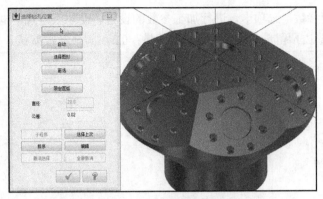

图 6-7　选择孔的位置

3）选择好孔的位置后，软件系统会自动弹出"2D 刀路-全圆铣削"对话框，单击"刀具"选项卡，选择已建好的刀具 $\phi25R0.8$ 机夹刀，设定主轴转速：1800、进给速率：2500.0、下刀速率：100.0、刀号：1、刀长和半径补正：1，如图 6-8 所示；以下所有的编程都需要选择对应的刀柄或者自定义刀柄，如图 6-9 所示。

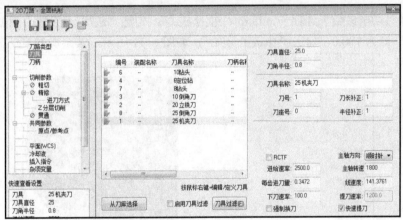

图 6-8　设置刀具参数

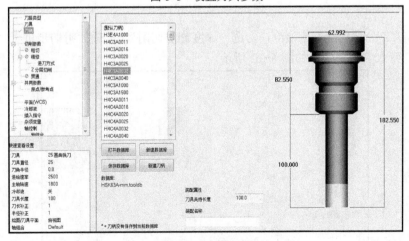

图 6-9　定义刀柄

4）单击"切削参数"选项卡，进行加工参数的设置。设补正方式：电脑、圆直径：54.8，起始角度：90.0、壁边预留量：0.35、底面预留量：0.2，其余参数默认，如图 6-10 所示。

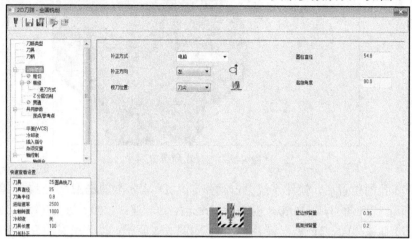

图 6-10 设置切削参数

5）选择"切削参数"选项卡，单击"进刀方式"，勾选"进/退刀设置"，将"进/退刀圆弧扫描角度"设为 180.0，勾选"由圆心开始"，如图 6-11 所示，其余参数默认。

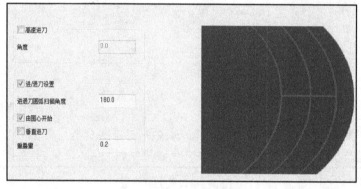

图 6-11 设置进刀方式

6）单击"Z 分层切削"选项卡，勾选"深度分层切削"，设最大粗切步进量：0.35，勾选"不提刀"，其余参数默认，如图 6-12 所示。

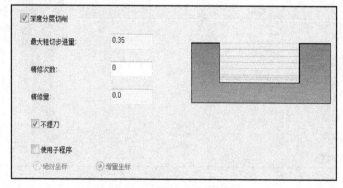

图 6-12 设置 Z 分层切削

7）单击"共同参数"选项卡，勾选"安全高度"，设为 50.0，点选"绝对坐标"，勾选"只有在开始及结束操作才使用安全高度"；勾选"参考高度"，设为 25.0，下刀位置：2.0，点选"增量坐标"；工件表面：0.0。点选"绝对坐标"；深度：-7.5，如图 6-13 所示。

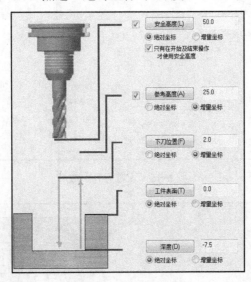

图 6-13　设置共同参数

8）参数设置完成单击"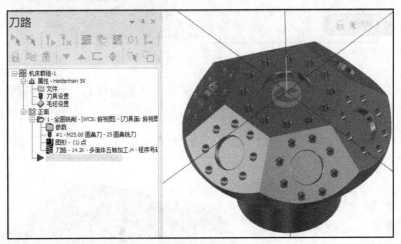"确认，刀具路径自动生成，如图 6-14 所示。

图 6-14　刀具路径

2. 精铣孔（工序 10）

1）在"操作管理器"选择粗加工"全圆铣削"，使用组合键 Ctrl+C 和 Ctrl+V 进行操作，粘贴到操作群组里面，选择复制的"全圆铣削"，单击"参数"，单击"刀具"选项卡，选择已建好的刀具ϕ20 立铣刀，设定主轴转速：800、进给速率：200.0、下刀速率：100.0，如图 6-15 所示。

2）单击"切削参数"选项卡，进行加工参数的修改。将"补正方式"修改为"磨损"，壁边预留量为 0.0，单击"进刀设置"，将"进退刀圆弧扫描角度"修改为 90.0，如图 6-16 所示。

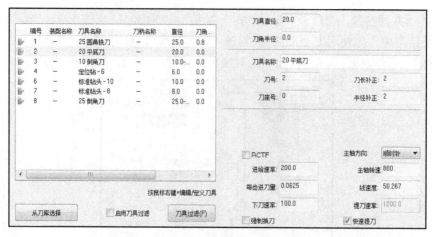

图 6-15 设置刀具参数

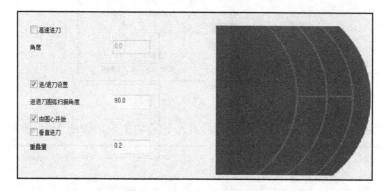

图 6-16 进刀设置

补正方式为"磨损",其目的是让程序中带有刀补半径补偿 G41/G42,实际生产过程中方便操作者进行刀具半径磨损补偿。

3)参数修改完成后单击"✓"确认,重新生成刀具路径,如图 6-17 所示。

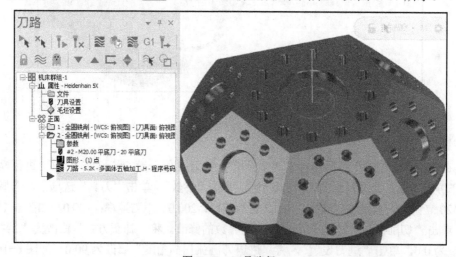

图 6-17 刀具路径

3. 倒角（工序 10）

1）在菜单栏单击"刀路"，选择 2D 铣削加工"外形铣削"图标 ，弹出"串连选项"对话框，选择串连外形，如图 6-18 所示。

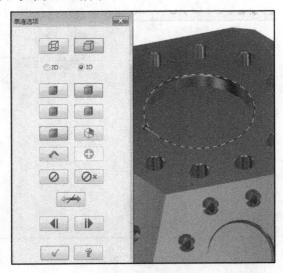

图 6-18　串连外形

2）选择好外形轮廓后软件系统会自动弹出"2D 刀路-外形铣削"对话框，单击"刀具"选项卡，选择已建好的 ϕ10 倒角刀，设定主轴转速：1500、进给速率：200.0、下刀速率：500.0，如图 6-19 所示。

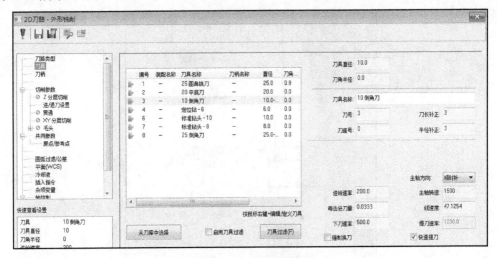

图 6-19　设置刀具参数

3）单击"切削参数"选项卡，进行加工参数的修改。将"补正方式"修改为"电脑"，"壁边预留量"为 1.0、"底面预留量"为 0.0，"外形铣削方式"为"2D 倒角"，"宽度"为 0.5，"刀尖补正"为 0.0，其余参数默认，如图 6-20 所示；单击"进/退刀设置"选项，勾选"进/退刀设置"，设置进刀和退刀参数，直线和圆弧都为刀具%：20，"重叠量"设为 0.15（重叠量是为了减少进/退刀痕）。

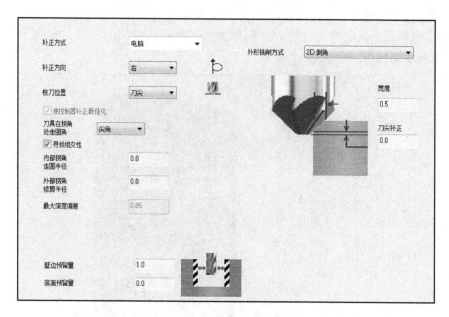

图 6-20　设置切削参数

4）单击"共同参数"选项卡，勾选"安全高度"，设为 100.0，点选"绝对坐标"，勾选"只有在开始及结束操作才使用安全高度"；勾选"参考高度"，设为 25.0，点选"增量坐标"；下刀位置：2.0，点选"增量坐标"；工件表面：0.0，点选"绝对坐标"；深度：-0.5，如图 6-21 所示。

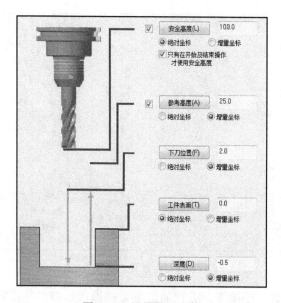

图 6-21　设置共同参数

5）单击"圆弧过滤/公差"选项卡，将"总公差"设为 0.01，勾选"线/圆弧过滤设置"，"最小圆弧半径"设为 1，其余参数默认，参数修改完成单击"　✓　"确认，重新生成刀具路径，如图 6-22 所示。

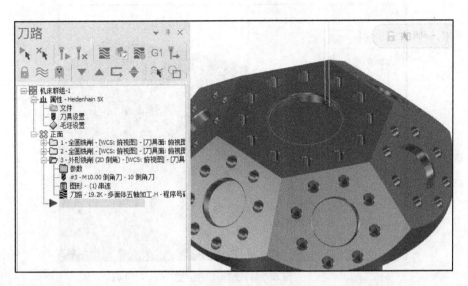

图 6-22　刀具路径

4. 点孔（工序 10）

1）在菜单栏单击"建模"，选择"孔轴"命令图标 ，弹出"孔轴"对话框，勾选"轴线""点"，"位置"点选"顶部"，"圆"可以不勾选，选择内孔实体面，如图 6-23 所示（俯视图上面的圆孔，系统是可以自动捕捉到圆心的）。

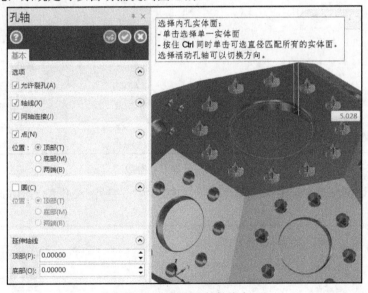

图 6-23　提取孔的轴线点

2）在菜单栏单击"刀路"，选择 2D 孔加工"钻孔"图标 ，弹出"选择钻孔位置"对话框，选择孔轴线点的位置，如图 6-24 所示。

3）选择好孔位置后，软件系统会自动弹出"2D 钻孔"对话框，单击"刀具"选项卡，选择已建好的φ6 定位钻，设定主轴转速：1000、进给速率：80.0，如图 6-25 所示。

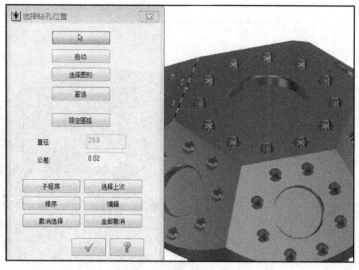

图 6-24　选择孔的位置

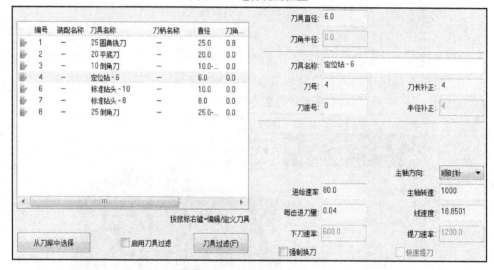

图 6-25　设置刀具参数

4）单击"切削参数"选项卡，设"循环方式"为"钻头/沉头孔"（G81/G82），如图 6-26 所示。

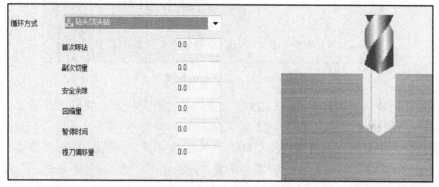

图 6-26　设置切削参数

5）单击"共同参数"选项卡，勾选"安全高度"，设为100.0，点选"绝对坐标"，勾选"只有在开始及结束操作才使用安全高度"；勾选"参考高度"，设为3.0，点选"增量坐标"；工件表面：0.0，点选"绝对坐标"；深度：-3.0，点选"增量坐标"，如图6-27所示。

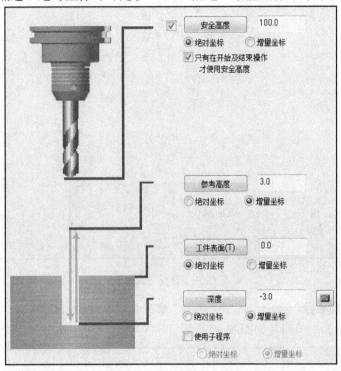

图6-27　设置切削参数

6）参数设定完成单击" ✓ "确认，自动生成刀具路径，如图6-28所示。

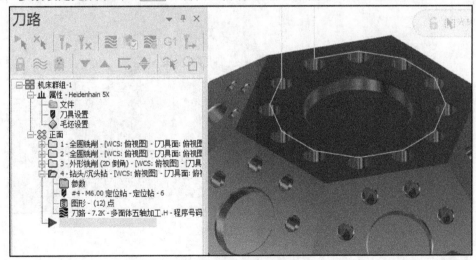

图6-28　刀具路径

5. 钻孔（工序10）

1）在"操作管理器"选择"点孔"，使用组合键Ctrl+C和Ctrl+V进行操作，粘贴到操作群组里面，选择复制的"钻孔"操作单击"参数"，弹出对话框，单击"刀具"选项卡，选择已建好的刀具φ10钻头，设定主轴转速：800、进给速率：60.0，如图6-29所示。

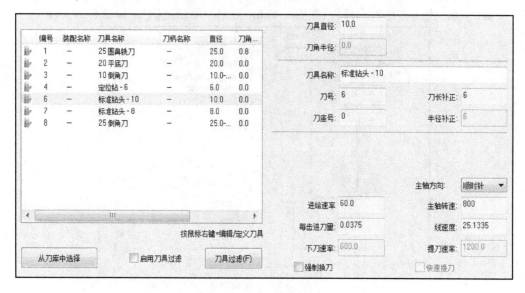

图6-29　设置刀具参数

2）单击"共同参数"选项卡，把"深度"修改为-14，参数修改完成单击"　✓　"确认，重新计算刀路，自动生成路径如图6-30所示。

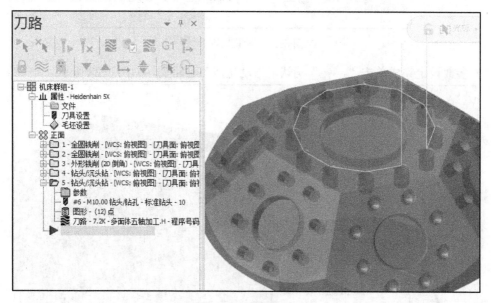

图6-30　刀具路径

6. 倒角（工序10）

1）在"操作管理器"选择"点孔"，使用组合键Ctrl+C和Ctrl+V进行操作，粘贴到操作群组里面，选择复制的"钻孔"操作，单击"参数"，弹出对话框，单击"刀具"选项卡，选择已建好的刀具φ25 倒角刀，设定主轴转速：500、进给速率：50.0，如图 6-31 所示。

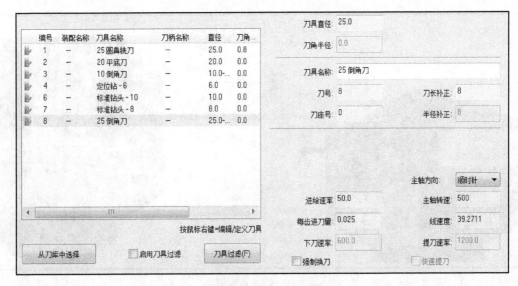

图 6-31　设置刀具参数

2）单击"共同参数"选项卡，把"深度"修改为–4.3，参数修改完成单击"☑"确认，重新计算刀路，自动生成路径如图 6-32 所示。

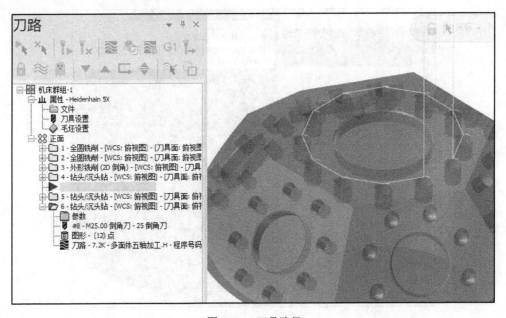

图 6-32　刀具路径

7. 3+2 粗铣孔（工序 10）

1）在做 3+2 粗铣孔之前需要创建一个新的加工平面，单击"操作管理器"下的"平面"，单击"✚▾"图标，选择"依照实体面"，弹出对话框，单击实体平面系统，自动定位坐标系到中心，命名为 3+2 平面，如图 6-33 所示。

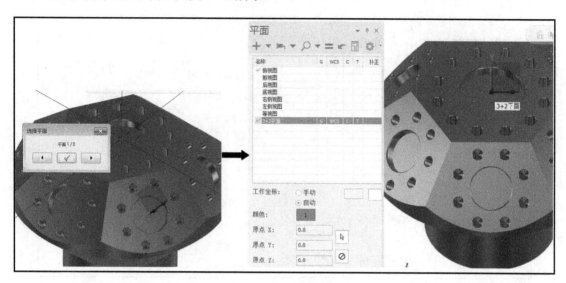

图 6-33　创建加工平面

2）在菜单栏单击"建模"，选择"孔轴"命令图标 ，弹出"孔轴"对话框，勾选"轴线""点"，"位置"点选"顶部"，"圆"可以不勾选，选择内孔实体面，如图 6-34 所示。

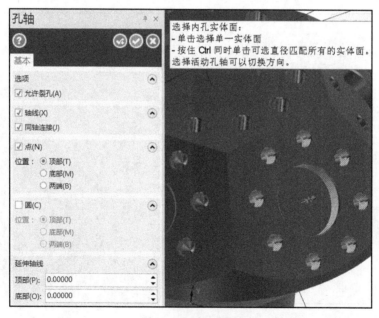

图 6-34　设置孔轴参数

3）在"操作管理器"选择粗加工"全圆铣削"，使用组合键 Ctrl+C 和 Ctrl+V 进行操作，粘贴到操作群组里面，重新选择孔的位置点，选择新的孔圆心，如图 6-35 所示。选择复制的"全圆铣削"操作，单击"参数"，单击"切削参数"选项卡，进行加工参数的设置，设圆柱直径：33.88，其余参数默认，如图 6-36 所示。

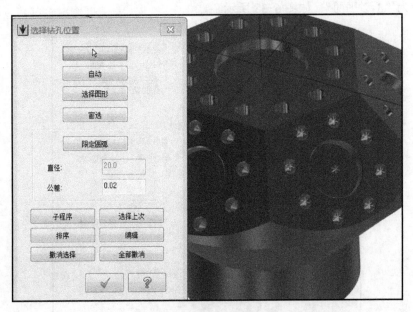

图 6-35　选择孔圆心的位置

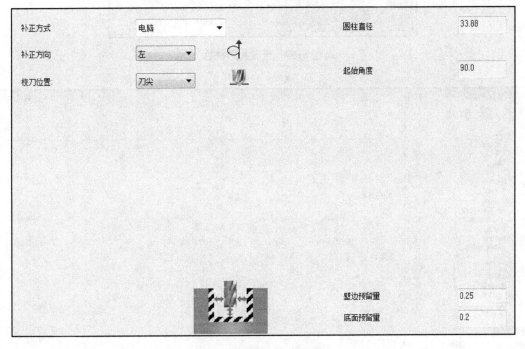

图 6-36　设置切削参数

4）单击"共同参数"选项卡，勾选"安全高度"，设为 50.0，点选"绝对坐标"，勾选"只有在开始及结束操作才使用安全高度"；勾选"参考高度"，设为 25.0；下刀位置：2.0，点选"增量坐标"；工件表面：40.0，点选"绝对坐标"；深度：–6.75，如图 6-37 所示。

5）单击"平面（WCS）"选项卡，"工作坐标系"默认为"俯视图"，"刀具平面"和"绘图平面"设为"3+2 平面",如图 6-38 所示。

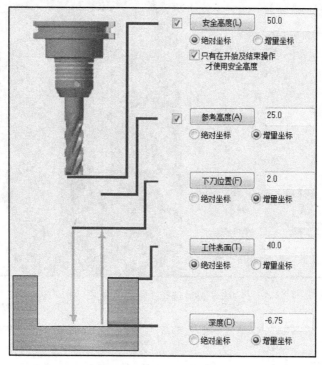

图 6-37　设置共同参数

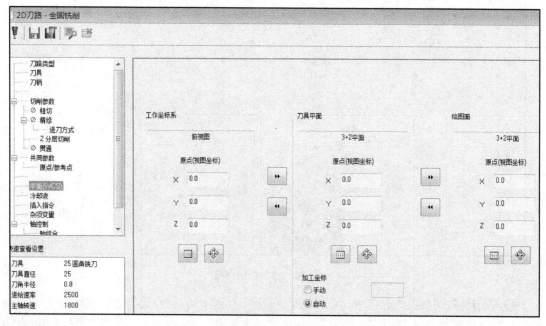

图 6-38　加工平面选择

6) 参数设置完成单击 " √ " 确认，刀具路径自动生成，如图 6-39 所示。

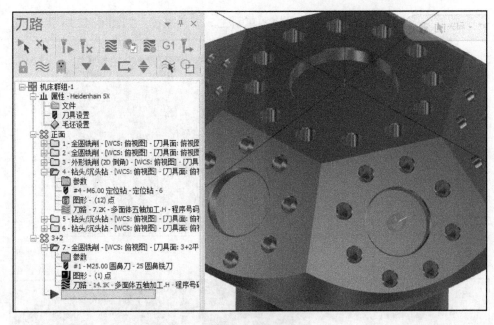

图 6-39　刀具路径

8. 3+2 精铣孔（工序 10）

1）在"操作管理器"选择 3+2 粗加工"全圆铣削"，使用组合键 Ctrl+C 和 Ctrl+V 进行操作，粘贴到操作群组里面，选择复制的 3+2 粗加工"全圆铣削"操作，单击"参数"，系统弹出对话框，单击"刀具"选项卡，选择已建好的刀具ϕ20 立铣刀，设定主轴转速：800、进给速率：200.0、下刀速率：100.0，其余参数默认，如图 6-40 所示。

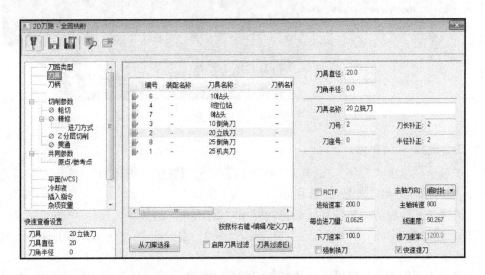

图 6-40　设置刀具参数

2）单击"切削参数"选项卡，进行加工参数的修改，将"补正方式"修改为"磨损"，"壁边预留量"为"0"；单击"进刀设置"，将"进退刀圆弧扫描角度"修改为 90.0，如图 6-41 所示。

3）参数修改完成后单击"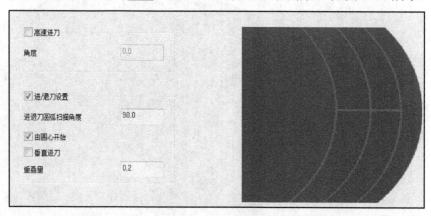"确认，重新生成刀具路径，如图 6-42 所示。

图 6-41　进刀设置

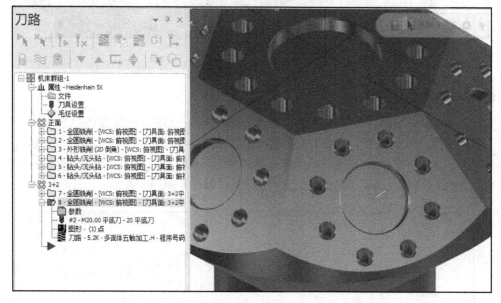

图 6-42　刀具路径

9. 3+2 倒角（工序 10）

1）在菜单栏单击"刀路"，选择 2D 铣削加工"外形铣削"图标，弹出"串连选项"对话框，选择串连外形，如图 6-43 所示。

2）选择好外形轮廓后软件系统会自动弹出"2D 外形铣削"对话框，单击"刀具"选项卡，选择已建好的ϕ10 倒角刀，设定主轴转速：1500、进给速率：200.0、下刀速率：500.0，如图 6-44 所示。

3）单击"切削参数"选项卡，进行加工参数的修改，将"补正方式"修改为"电脑"，"壁边预留量"为 1.0，"底面预留量"为 0.0，"外形铣削方式"为"2D 倒角"，"宽度"为 0.5，"刀尖补正"为 0.0，其余参数默认，如图 6-45 所示；单击"进/退刀设置"选项，勾选"进/退刀设置"，设置进刀和退刀参数，直线和圆弧都为刀具%：20，"重叠量"为 0.15。

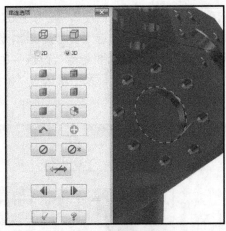

图 6-43　选择串连外形

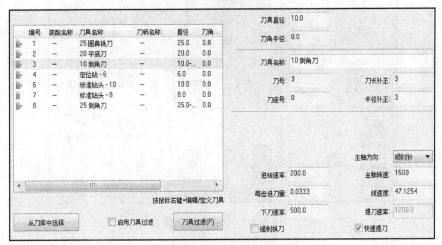

图 6-44　设置刀具参数

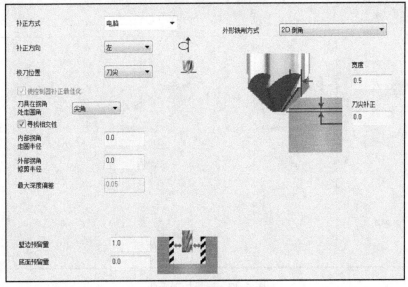

图 6-45　设置切削参数

4）单击"共同参数"选项卡，勾选"安全高度"，设为 100.0，点选"绝对坐标"，勾选"只有在开始及结束操作才使用安全高度"；勾选"参考高度"，设为 25.0；下刀位置：2.0，点选"增量坐标"；工件表面：0.0，点选"绝对坐标"；深度：–0.5，如图 6-46 所示。

5）单击"平面（WCS）"选项卡，"工作坐标系"默认为"俯视图"，"刀具平面"和"绘图平面"设为"3+2 平面"，如图 6-47 所示。

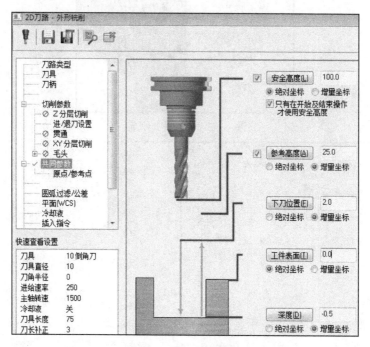

图 6-46　设置共同参数

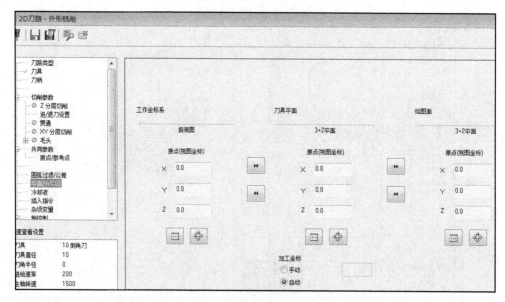

图 6-47　选择加工平面

6）单击"圆弧过滤/公差"选项卡，将"总公差"设为 0.01，勾选"线/圆弧过滤设置"，"最小圆弧半径"设为 1，其余参数默认，参数修改完成后单击" ✓ "确认，重新生成刀具路径，如图 6-48 所示。

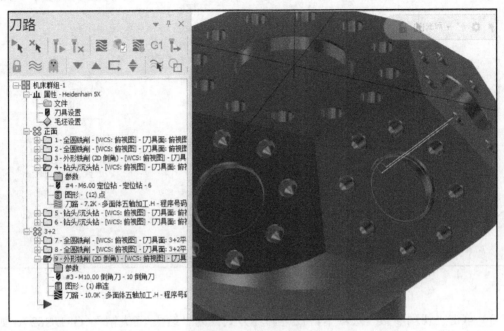

图 6-48　刀具路径

10. 3+2 点孔（工序 10）

1）在菜单栏单击"刀路"，选择 2D 孔加工"钻孔"图标 ，弹出"选择钻孔位置"对话框，选择孔轴线点的位置，如图 6-49 所示。

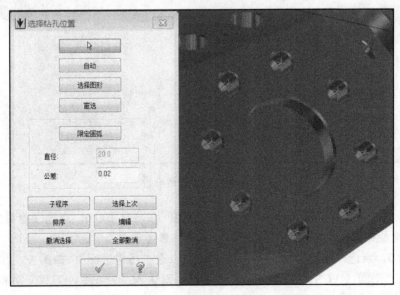

图 6-49　选择孔的位置

2）选择好孔位置后，软件系统会自动弹出"2D 钻孔"对话框，单击"刀具"选项卡，选择已建好的ϕ6 定位钻，设定主轴转速：1000、进给速率：80.0，如图 6-50 所示。

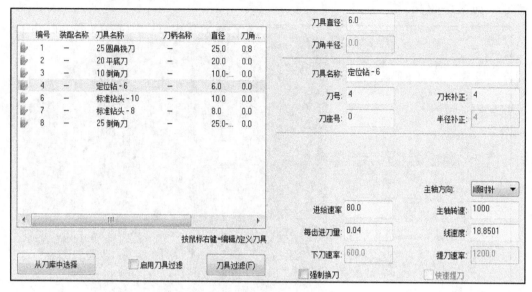

图 6-50　设置刀具参数

3）单击"切削参数"选项卡，设"循环方式"为"钻头/沉头钻"（G81/G82），如图 6-51 所示。

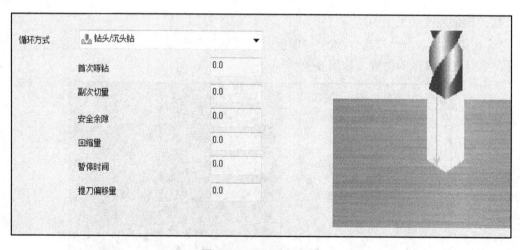

图 6-51　设置切削参数

4）单击"共同参数"选项卡，勾选"安全高度"，设为 100.0，点选"绝对坐标"，勾选"只有在开始及结束操作才使用安全高度"；勾选"参考高度"，设为 3.0，点选"增量坐标"；工件表面：0.0，点选"增量坐标"；深度：-3.0，点选"增量坐标"，如图 6-52 所示。

5）单击"平面（WCS）"选项卡，工作坐标系默认为：俯视图，刀具平面和和绘图平面设为：3+2 平面，如图 6-53 所示。

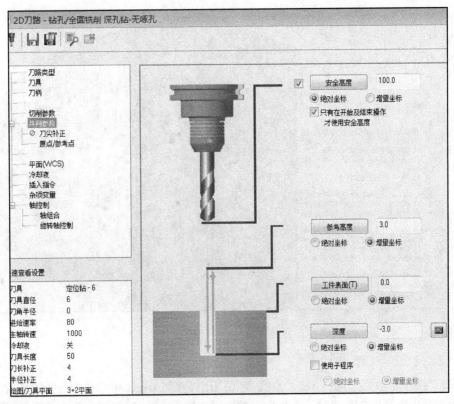

图 6-52　设置切削参数

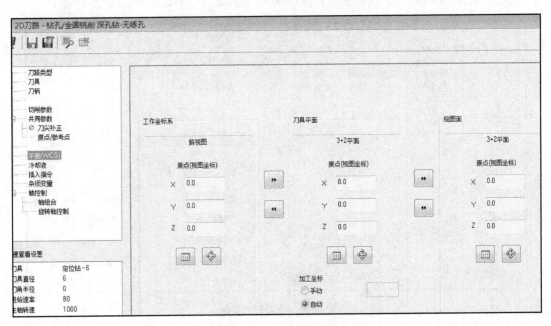

图 6-53　加工平面选择

6）参数设定完成单击"✓"确认，自动生成刀具路径，如图 6-54 所示。

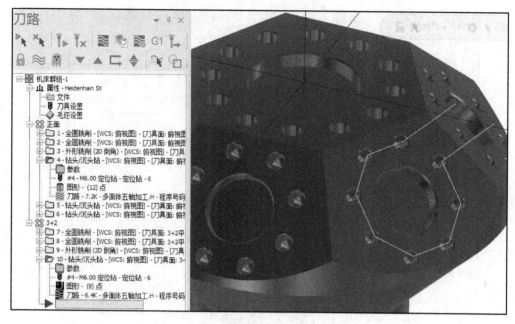

图 6-54　刀具路径

11. 3+2 钻孔（工序 10）

1）在"操作管理器"选择 3+2"点孔"，使用组合键 Ctrl+C 和 Ctrl+V 进行操作，粘贴到操作群组里面，选择复制的"钻孔"操作，单击"参数"，弹出对话框，单击"刀具"选项卡，选择已建好的刀具 ϕ8 钻头，设定主轴转速：800、进给速率：60.0，如图 6-55 所示。

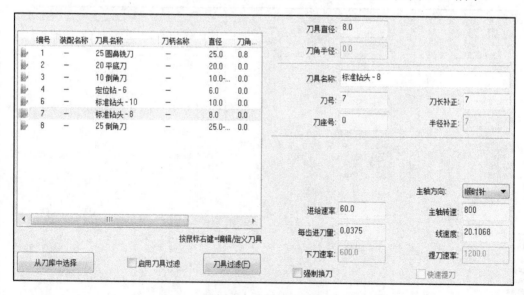

图 6-55　设置刀具参数

2）单击"共同参数"选项卡，把"深度"修改为-14，参数修改完成单击"　✓　"确认，重新计算刀路，自动生成路径如图 6-56 所示。

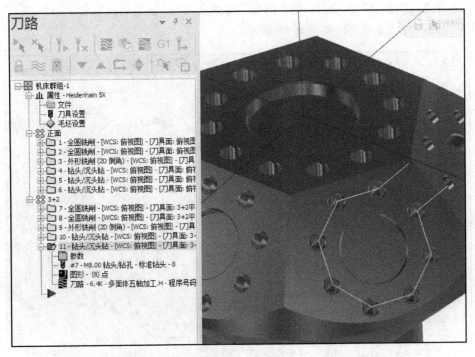

图 6-56　刀具路径

12. 3+2 倒角（工序 10）

1）在"操作管理器"选择 3+2 "点孔"，使用组合键 Ctrl+C 和 Ctrl+V 进行操作，粘贴到操作群组里面，选择复制的"钻孔"操作，单击"参数"，弹出对话框，单击"刀具"选项卡，选择已建好的刀具 ϕ25 倒角刀，设定主轴转速：500、进给速率：50，如图 6-57 所示。

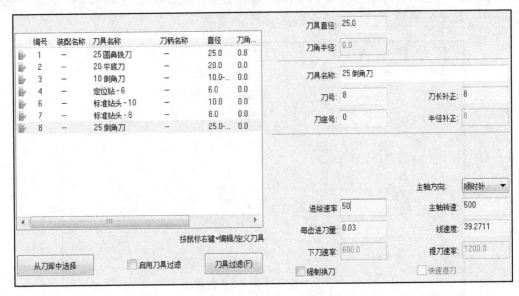

图 6-57　设置刀具参数

2）单击"共同参数"选项卡，把"深度"修改为–4.3，参数修改完成单击" ✓ "确认，重新计算刀路，自动生成路径如图 6-58 所示。

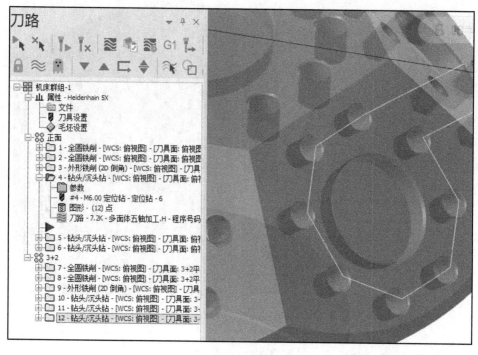

图 6-58　刀具路径

3）单击菜单栏"刀路转换"选项卡，弹出"转换操作参数设置"对话框，选择所有 3+2 加工操作，单击"旋转"选项卡，"实例"设为 5 次，勾选"旋转视图"，选择"俯视图"，起始角度和增量角度设为 60.0 如图 6-59 所示，参数设置完成后单击" ✓ "确认，自动生成刀具路径，如图 6-60 所示。

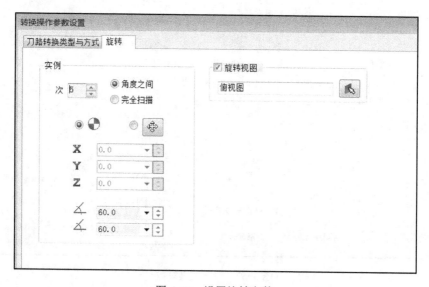

图 6-59　设置旋转参数

图 6-60　刀具路径

6.1.6　NC 仿真及后处理

1）在"操作管理器"中，单击图标"▶"选择所有操作，单击验证图标"⚙"，弹出实体模拟仿真对话框，单击播放图标"▶"进行实体模拟仿真，结果如图 6-61 所示。

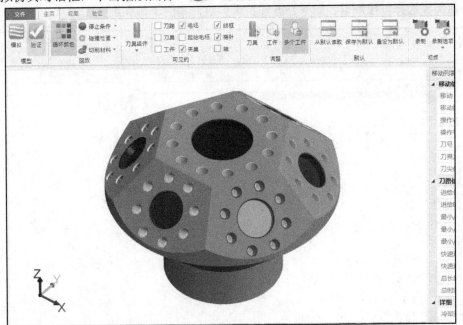

图 6-61　实体模拟仿真

2）使用机床自带的后处理文件，单击"刀路"→"▶"选择所有操作→"G1"后处理→"✓"确认，选择 NC 路径，单击"保存"，弹出 NC 程序对话框，如图 6-62 所示。

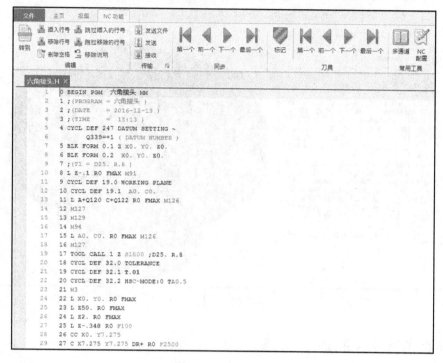

图 6-62　NC 程序

3）程序生成后读者可以通过 CIMCO Edit 进行模拟仿真，如图 6-63 所示。CIMCO Edit 拟仿真前需要选择好控制器、配置好五轴机床参数，本例不作详细介绍。

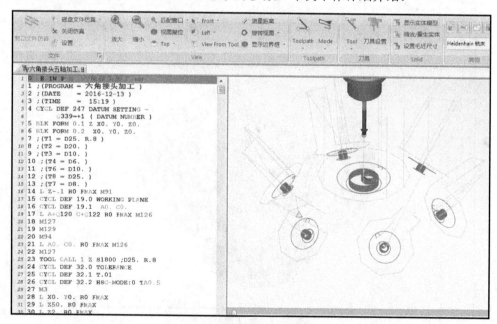

图 6-63　CIMCO Edit 模拟仿真

4）编程完成后将所有操作工序确认无误后填写好程序单，交到 CNC 车间安排加工。

（CNC 程序单模板见附录，仅供参考。）

6.1.7　工程师经验点评

通过六角接头的实例编程学习，并根据光盘提供的模型文件练习编程，深刻理解 3+2 定位加工技巧。现总结如下：

1）五轴数控加工中心至少有五个坐标轴，可在系统控制下联动工作，大致分为双摆台（又称摇篮式）、双转头、一摆台和一转头；五轴机床主要适用于工件一次装夹便可完成或者大部分完成的加工，可以提高空间自由曲面的加工精度、质量和效率。

2）通过本例学习要学会在任意平面创建加工平面，在实际生产中 3+2 定位加工使用最为广泛。

3）五轴加工中，刀柄非常关键，尤其是在自由曲面加工时，可以避免不必要的碰撞和过切，所以在编程时需要选择对应的刀柄文件或者自定义刀柄文件。

6.2　叶轮的加工编程

6.2.1　加工任务概述

下面介绍叶轮零件的加工，其三维模型如图 6-64 所示。

叶轮即指装有动叶的轮盘，是冲动式汽轮机转子的组成部分。对这样的加工形状，可以使用 3 轴开粗、3+2 残料加工、叶轮模块精加工（省略半精加工）加工，假设叶轮精车工序已完成，在这个例子中使用实体模型来进行刀路的编制。

本节加工任务：一道工序共完成 6 个操作，粗、精加工叶轮。

图 6-64　叶轮模型

6.2.2　编程前的工艺分析

叶轮的加工工艺制订见表 6-2。

表 6-2　叶轮的加工工艺

工　序	加工内容	加工方式	机　床	刀　具	夹　具
10	3 轴开粗	区域粗切	五轴加工中心	ϕ6R0.5 圆鼻刀	图 6-65
	3+2 残料加工-1	区域粗切	五轴加工中心	ϕ4R0.5 圆鼻刀	图 6-65
	3+2 残料加工-2	区域粗切	五轴加工中心	ϕ3R0.5 圆鼻刀	图 6-65
	轮毂精加工	叶轮模块	五轴加工中心	ϕ3 锥度球刀	图 6-65
	叶片精加工	叶轮模块	五轴加工中心	ϕ3 锥度球刀	图 6-65
	圆角精加工	叶轮模块	五轴加工中心	ϕ3 锥度球刀	图 6-65

叶轮的装夹位置如图 6-65 所示（五轴加工时装夹位置非常重要，可有效防止不必要的碰撞，垫高块的高度根据实际情况定义）。

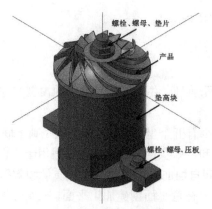

图 6-65　叶轮装夹示意图

6.2.3　加工模型的准备

1）叶轮的模型准备。使用 Mastercam 2017 的 CAD 命令绘制，详细过程不作介绍，本例将其他 CAD 软件的图形文件转换到 Mastercam 2017 中，如图 6-66 所示。

2）将叶轮内孔中心设为加工坐标系，叶轮底面为 Z 轴原点。

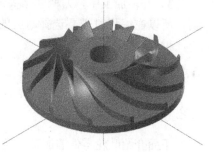

图 6-66　叶轮加工模型

6.2.4　毛坯、刀具的设定

1. 毛坯的设定

在"机床群组属性"里的"毛坯设置"选项下进行定义，利用 Mastercam 2017 的 CAD 功能把叶轮精车完成的毛坯绘制出来，选择"实体"定义毛坯，如图 6-67 所示，叶轮材料为青铜。

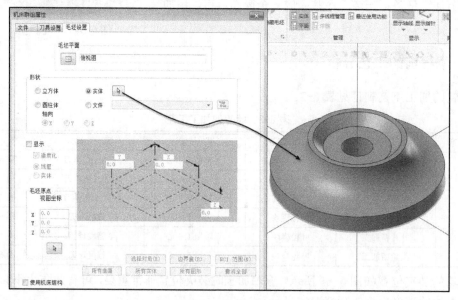

图 6-67　毛坯定义

2. 刀具的设定

在菜单栏单击"刀路",选择"刀具管理"命令,显示"刀具管理"对话框,在列表空白处单击右键,单击"创建新刀具",依次把$\phi 6R0.5$ 圆鼻刀、$\phi 4R0.5$ 圆鼻刀、$\phi 3R0.5$ 圆鼻刀、$\phi 3$ 锥度球刀全部创建好,如图 6-68 所示。

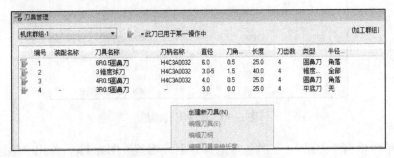

图 6-68 "刀具管理"对话框

6.2.5 编程详细操作步骤

1. 3 轴开粗(工序 10)

1)在菜单栏单击"机床",选择"铣床"命令下的"管理列表",选择"Heidenhain 5x Mill MM.mcan-mmd"五轴摇篮加工中心,单击"增加",单击" √ "确认,如图 6-69 所示。(Heidenhain 控制器需要自己添加进去。)

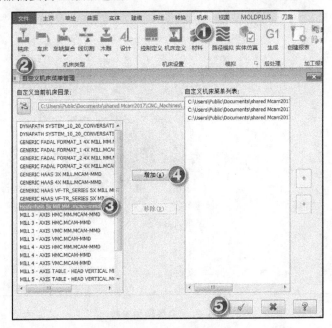

图 6-69 选择机床文件

2)在"操作管理器"中单击右键,选择"群组"→"新建刀具群组",按照读者习惯命名,方便查看和管理,如图 6-70 所示。

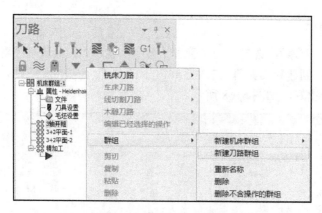

图 6-70　新建刀具群组

3）在菜单栏单击"刀路"，工具选项选择"毛坯模型"图标 ![icon]，弹出"毛坯模型"对话框，把"名称"设为"毛坯1"（仅供参考，读者可以自定义），毛坯1也是叶轮初始毛坯。单击"毛坯设置"，软件系统自动捕捉立方体参数，如图6-71所示，参数设置完成后单击"![icon]"确认，毛坯模型自动生成，如图6-72所示。

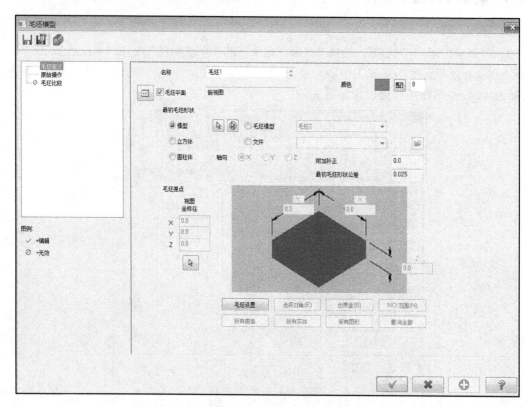

图 6-71　毛坯模型参数

4）在菜单栏单击"刀路"，选择 3D "区域粗切"图标 ![icon]，弹出"选择加工曲面"对话框，先选择"加工曲面"，选择所有实体，然后选择"干涉面"，选择夹具，如图6-73所示，最后选择"切削范围"串连线框，如图6-74所示（切削范围自定义）。

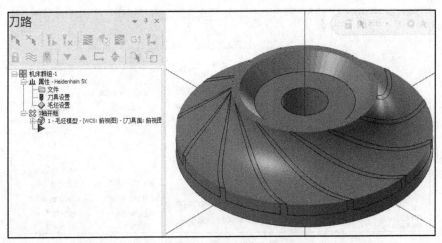

图 6-72　毛坯 1 生成

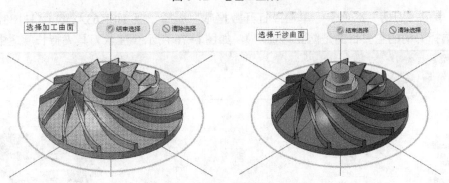

图 6-73　选择加工曲面和干涉面

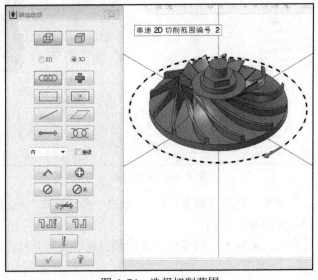

图 6-74　选择切削范围

5）选择加工曲面及切削范围后，系统自动弹出"区域粗切"对话框，单击"刀具"选项卡，选择已建好的φ6R0.5 圆鼻刀，设定主轴转速：3200、进给速率：2000.0、下刀速率：100.0、刀号：1、刀长和半径补正：1，如图 6-75 所示。

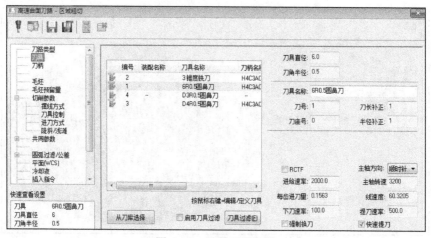

图 6-75 设置刀具参数

6）单击"刀柄"选项卡，单击"打开数据库"选择一把 HSK63A-mm（H4C3A0032）刀柄（选择刀柄的主要目的是防止碰撞等），如图 6-76 所示（注意刀具夹持长度适中即可）。

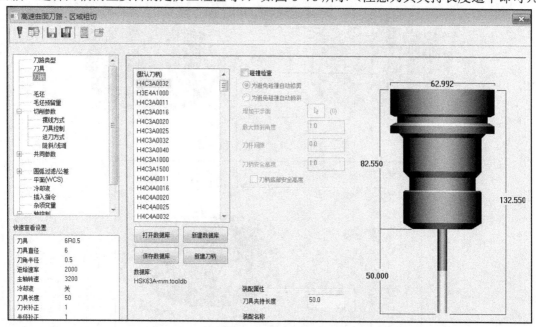

图 6-76 选择刀柄

7）单击"毛坯"选项卡，勾选"剩余材料"，点选"指定操作"，选择毛坯 1，点选"直接使用剩余毛坯范围"，如图 6-77 所示。

8）单击"毛坯预留量"选项卡，将壁边和底面预留量设置为 0.35，作为精加工预留量，如图 6-78 所示。

9）单击"切削参数"选项卡，进行加工参数的设置，将"切削方向"设置为"顺铣"，点选"切削排序最佳化"，"分层深度"设为 0.5，"XY 步进量"的"切削距离（直径%）"设为 45.0，如图 6-79 所示；"摆线方式"点选"关"；单击"进刀方式"选项，点选"螺旋进刀"，"半径"设为 3.0，"Z 高度"设为 2.0，"进刀角度"设为 2.0，"进刀使用进给"点选"下刀速率"，其余参数默认，如图6-80所示。

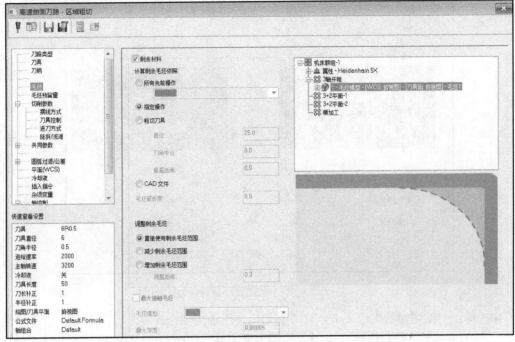

图 6-77　设置毛坯

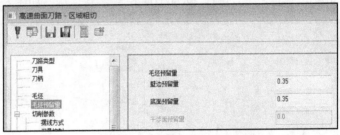

图 6-78　设置壁边和底面预留量

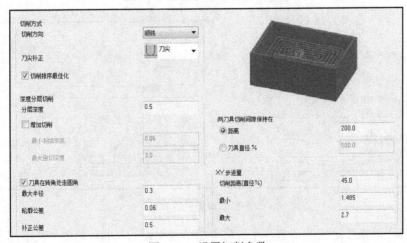

图 6-79　设置切削参数

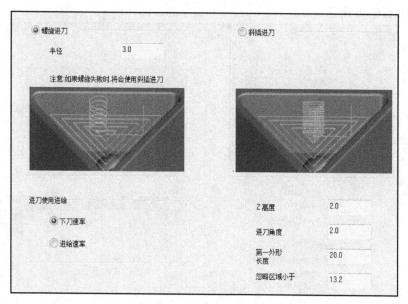

图 6-80　设置进刀方式

10）单击"共同参数"选项卡，将"提刀高度"的"安全高度"设为 60.0，点选"绝对坐标"，提刀方式选"最短距离"，勾选"输出为进给率"，设为 10000.0，将"进/退刀"的"直线进刀/退刀"设为 2.0，垂直进/退刀圆弧设为 0.0，其余参数默认，如图 6-81 所示。

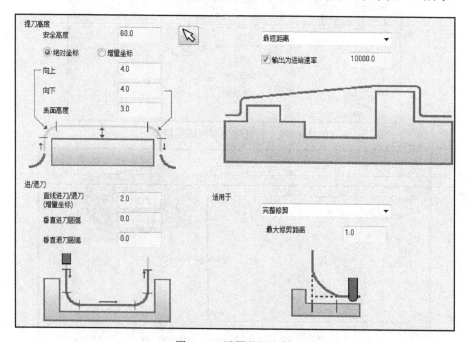

图 6-81　设置共同参数

11）单击"圆弧过滤/公差"选项卡，将"总公差"设为 0.01，勾选"线/圆弧过滤设置"，"最小圆弧半径"设为 1.0，其余参数默认，如图 6-82 所示。

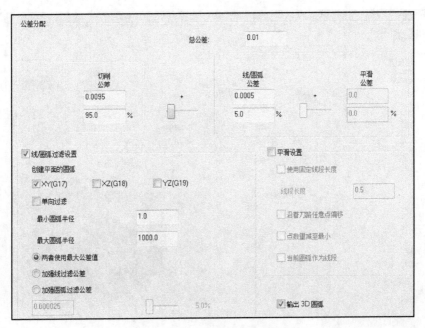

图 6-82　设置圆弧过滤/公差

12）参数设置完成单击"　✓　"确认，刀具路径自动生成，如图 6-83 所示。

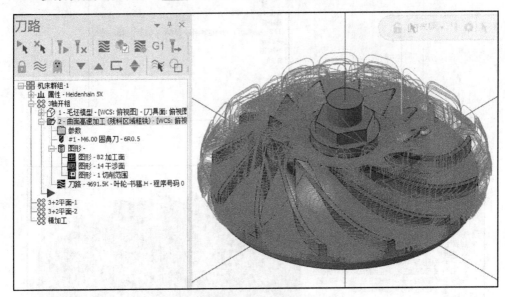

图 6-83　刀具路径

13）在菜单栏单击"刀路"，工具选项选择"毛坯模型"图标 ，弹出"毛坯模型"对话框，把"名称"设为毛坯 2（仅供参考，读者可以自定义），勾选"毛坯平面"，点选毛坯模型"毛坯 1"，单击"原始操作"选项，勾选"曲面高速加工粗加工"，参数设置完成单击"　✓　"确认，如图 6-84 所示，毛坯模型自动生成，如图 6-85 所示。

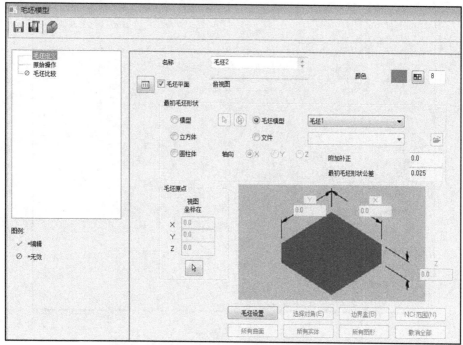

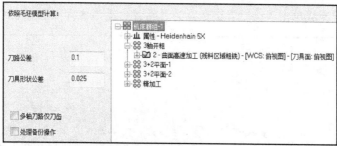

图 6-84　毛坯模型参数

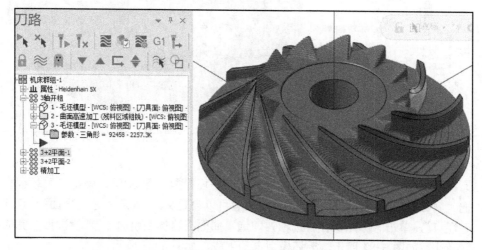

图 6-85　毛坯 2 生成

2. 3+2 残料加工-1（工序 10）

1）在做 3+2 残料加工-1 之前需要创建一个新的加工平面，单击"操作管理器"下的"平面"，单击" <img_1>＋▾ "图标，选择"依照屏幕视图"，弹出"新建平面"对话框，"名称"命名为"3+2 平面-1"，首先把视图设为俯视图，然后使用快捷键"X+鼠标中键"绕 X 轴旋转，旋转到当前视图可以加工到大部分区域即可，勾选"设置为 WCS"和"设置为绘图平面"，如图 6-86 所示。（Y+鼠标中键和 Z+鼠标中键同样有效。）

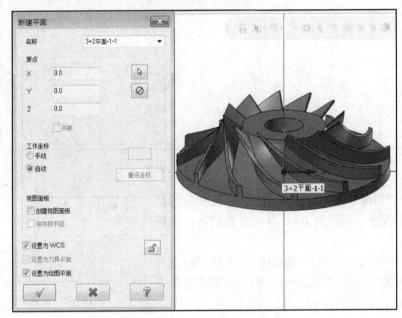

图 6-86　创建 3+2 平面-1

2）在菜单栏单击"转换"，选择"投影"命令图标 ，弹出"投影"对话框，点选"移动"，"投影到"点选"投影到绘图平面"，设为 100，再使用修剪、延伸等命令把加工范围线框完善好，如图 6-87 所示。

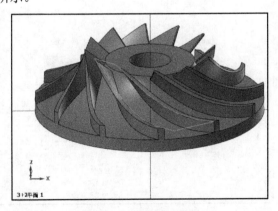

图 6-87　设置加工范围

3）在"操作管理器"选择 3 轴开粗"高速曲面加工"，使用组合键 Ctrl+C 和 Ctrl+V 进行操作，粘贴到操作群组里面，选择复制的"高速曲面加工"操作，单击"参数"，弹出对话框，单击"刀具"选项卡，选择已建好的刀具φ4R0.5圆鼻刀，设定主轴转速：3500、进给速率：1500.0、下刀速率：100.0，如图6-88所示。

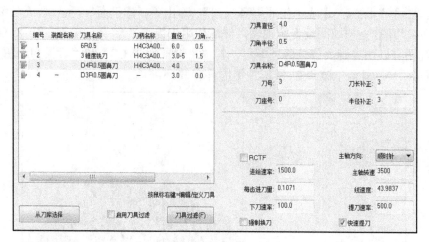

图6-88　设置刀具参数

4）单击"切削参数"选项卡，进行加工参数的设置，将"分层深度"修改为0.4，其余参数默认，如图6-89所示。

5）单击"平面（WCS）"选项卡，"工作坐标系"默认为"俯视图"，将"刀具平面"和"绘图平面"设为"3+2平面-1"，如图6-90所示。

图6-89　设置切削参数

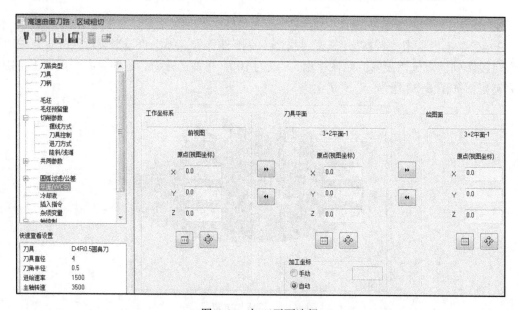

图6-90　加工平面选择

6）参数设定完成单击" ✓ "确认，自动生成刀具路径，如图6-91所示。

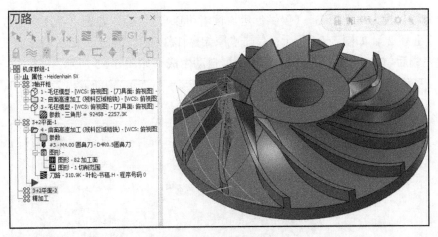

图 6-91　刀具路径

7）单击菜单栏"刀路转换"选项卡，弹出"转换操作参数设置"对话框，选择所有 3+2 平面-1 加工操作，单击"旋转"选项卡，旋转参数设置如图 6-92 所示，参数设置完成后单击"　✓　"确认，自动生成刀具路径，如图 6-93 所示。

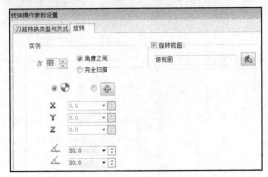

图 6-92　旋转参数

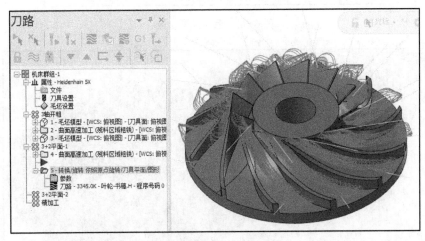

图 6-93　刀具路径

8）在菜单栏单击"刀路"，工具选项选择"毛坯模型"图标 ▣，弹出"毛坯模型"对话框，把"名称"设为"毛坯 3"（仅供参考，读者可以自定义），勾选"毛坯平面"，"毛坯模型"点选"毛坯 2"，如图 6-94 所示；单击"原始操作"选项，勾选"曲面高速加工粗加工"，参数设置完成后单击"　✓　"确认，毛坯模型自动生成，如图 6-95 所示。

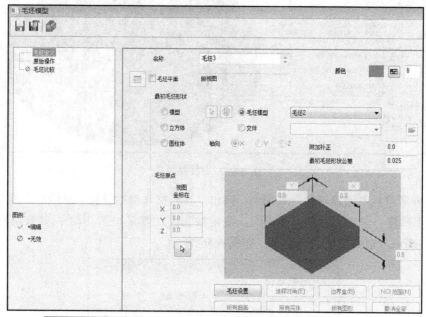

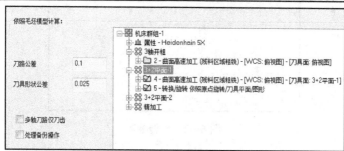

图 6-94　毛坯模型参数

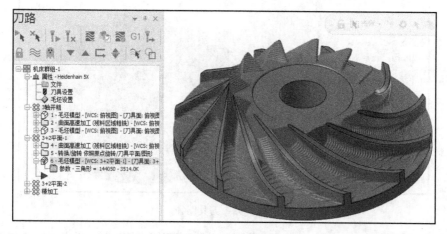

图 6-95　毛坯 3 生成

3. 3+2 残料加工–2（工序 10）

1）在做 3+2 残料加工–2 之前需要创建一个新的加工平面，单击"操作管理器"下的"平面"，单击"＋▾"图标，选择"依照屏幕视图"，弹出"新建平面"对话框，"名称"命名为"3+2平面–2"，首先把视图设为俯视图，然后使用快捷键绕 X、Y、Z 轴旋转，旋转到当前视图可以加工到大部分区域即可，勾选"设置为 WCS"和"设置为绘图平面"，如图 6-96 所示。

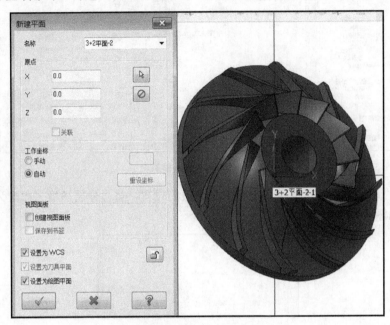

图 6-96　创建 3+2 平面–2

2）在菜单栏单击"转换"，选择"投影"命令图标，弹出"投影"对话框，点选"移动"，"投影到"点选"投影到绘图平面"，设为 100，再使用修剪、延伸等命令把加工范围线框完善好，如图 6-97 所示。

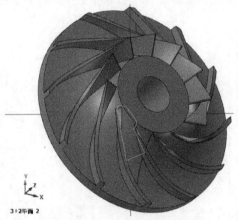

图 6-97　设置加工范围

3）在"操作管理器"选择 3+2 残料加工–1"高速曲面加工"，使用组合键 Ctrl+C 和 Ctrl+V 进行操作，粘贴到操作群组里面，选择复制的"高速曲面加工"操作，单击"参数"，弹出对话框，单击"刀具"选项卡，选择已建好的刀具ø3R0.5圆鼻刀，设定主轴转速：4000、进给速率：1200.0、下刀速率：100.0，如图6-98所示。

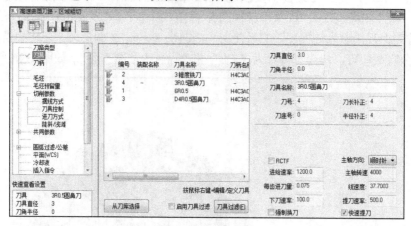

图6-98 刀具参数

4）单击"切削参数"选项卡，进行加工参数的设置，将"分层深度"修改为0.25，其余参数默认，如图6-99所示。

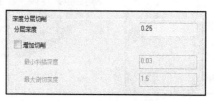

图6-99 设置切削参数

5）单击"平面（WCS）"选项卡，"工作坐标系"默认为"俯视图"，将"刀具平面"和"绘图平面"设为"3+2平面-2"，如图6-100所示。

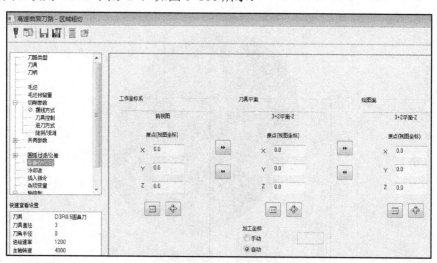

图6-100 加工平面选择

6）参数设定完成单击" ✓ "确认，重新生成刀具路径，如图6-101所示。

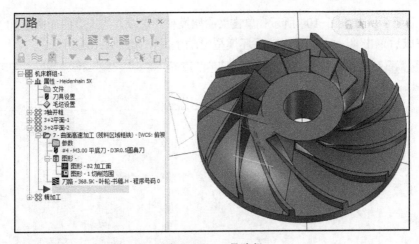

图 6-101　刀具路径

7）单击菜单栏"刀路转换"选项卡，弹出"转换操作参数设置"对话框，选择所有 3+2 平面-1 加工操作，单击"旋转"选项卡，旋转参数设置如图 6-102 所示，参数设置完成后单击"　✓　"确认，自动生成刀具路径，如图 6-103 所示。

图 6-102　设置旋转参数

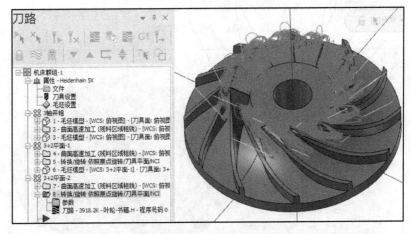

图 6-103　刀具路径

8）在菜单栏单击"刀路"，工具选项选择"毛坯模型"图标 🟦，弹出"毛坯模型"对话框，把"名称"设为"毛坯 4"（仅供参考，读者可以自定义），勾选"毛坯平面"，"毛坯模型”点选“毛坯 3”，如图 6-104 所示；单击“原始操作”选项，勾选“曲面高速加工粗加工”，参数设置完成后单击“　✓　”确认，毛坯模型自动生成，如图 6-105 所示。

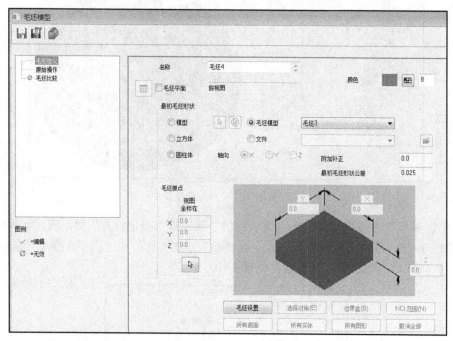

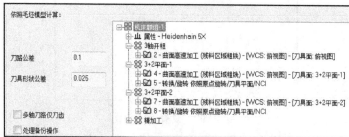

图 6-104　毛坯模型参数

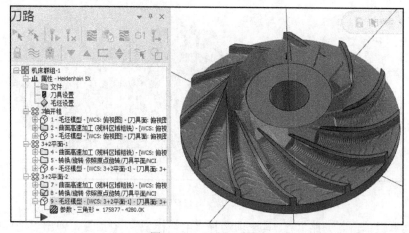

图 6-105　毛坯 4 生成

4. 轮毂精加工（工序 10）

1）在做叶轮精加工之前需要创建轮毂、叶片的辅助曲面，本例半精加工不作讲解，直接精加工轮毂、叶片、圆角，创建曲面过程不作详细介绍，主要使用的命令有实体生成曲面、投影、旋转等。叶轮加工辅助曲面如图 6-106 所示。

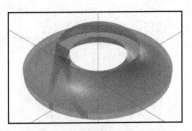

图 6-106　叶轮加工辅助曲面

2）在菜单栏单击"刀路"，选择多轴加工"叶片专家"图标，弹出"多轴刀路-叶片专家"对话框，单击"刀具"选项卡，选择已建好的刀具 $\phi 3$ 锥度球刀，设定主轴转速：6000、进给速率：2000.0、下刀速率：100.0，如图 6-107 所示（仅供参考）。

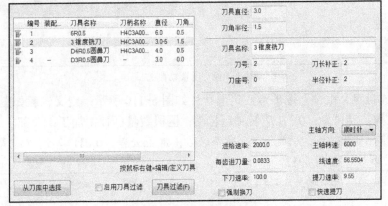

图 6-107　设置刀具参数

3）单击"刀柄"选项卡，单击"打开数据库"，选择一把 HSK63A-mm（H4C3A0032）刀柄（选择刀柄的主要目的是防止碰撞等），如图 6-108 所示（注意刀具夹持长度适中即可）。

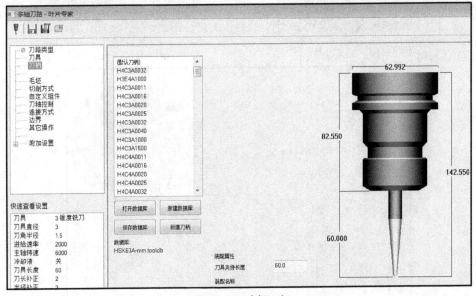

图 6-108　选择刀柄

4）单击"切削方式"选项卡，"加工方式"设为"精修轮毂"，"排序方式的方式"设为

"单向-由后边缘开始"、"排序"设为"由左至右","切削间距（直径）"的"最大距离"设为 0.15,如图 6-109 所示。

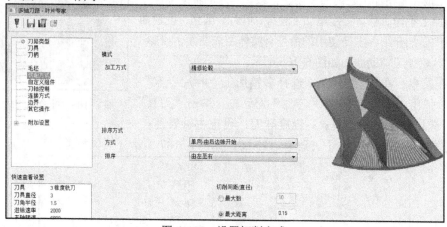

图 6-109　设置切削方式

5）单击"自定义组件"选项卡,定义叶片如图 6-110 所示;定义轮毂如图 6-111 所示。自定义组件设置,预留量:0.3;旋转轴:自动;区段数量:12;加工:全部,起始角度:区段,为 1,方向:顺时针,切削方向:完整区段;加工公差:0.01,勾选"最大距离",设为 0.1,其余参数默认,如图 6-112 所示。

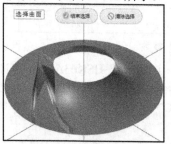

图 6-110　定义叶片

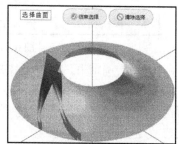

图 6-111　定义轮毂

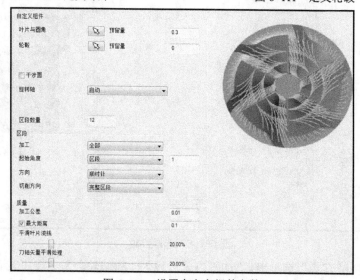

图 6-112　设置自定义组件参数

6）单击"刀轴控制"选项卡，设首选前倾角：5、最小前倾角度：0、最大前倾角度：45、侧倾角：30，"安全方式"点选"圆形"，其余参数默认，如图6-113所示。

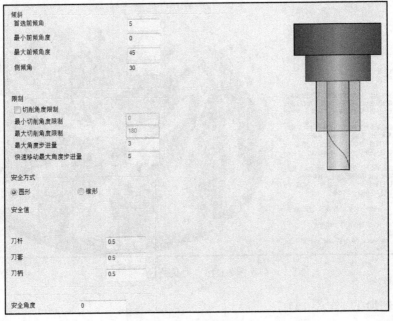

图6-113　设置刀轴控制

7）单击"连接方式"选项卡，"切削之间连接"的"使用"选择"平滑曲线"，"间隙"的"使用"选择"球形"，勾选"自动检查尺寸和位置"，"进给下刀距离"和"进给退刀距离"设为3，其余参数默认，如图6-114所示。

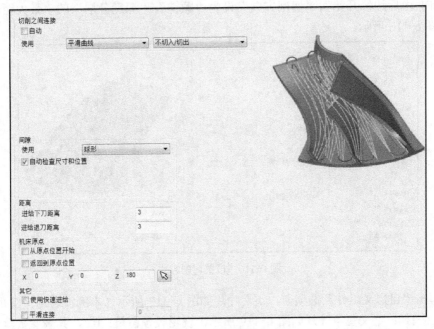

图6-114　设置连接方式

8）参数设定完成单击"✓"确认，自动生成刀具路径，如图 6-115 所示。

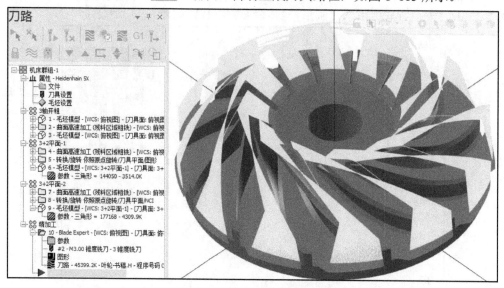

图 6-115　刀具路径

5. 叶片精加工（工序 10）

1）在"操作管理器"选择精加工"轮毂精加工"，使用组合键 Ctrl+C 和 Ctrl+V 进行操作，粘贴到操作群组里面，选择复制的"轮毂精加工工"操作，单击"参数"，弹出对话框，单击"切削方式"选项卡，"加工方式"设为"精修叶片"，"策略"设为"与叶片轮毂之间渐变"，"外形"设为"完整"（注意叶片后缘可以延伸一点长度防止过切削），"排序方式"的"方式"设为"单向-由后边缘开始"、"切削方向"设为"顺铣"，"深度分层"的"最大距离"设为0.15，如图 6-116 所示。

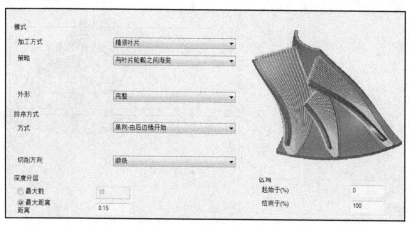

图 6-116　设置切削方式

2）单击"自定义组件"选项卡，定义叶片如图 6-117 所示（本例没有定义圆角）；定义轮毂如图 6-118；定义包覆叶片如图 6-119 所示；设轮毂预留量：0.3，其余参数默认，如图6-120 所示。

3）参数设定完成单击""确认，自动生成刀具路径，如图 6-121 所示。

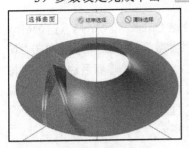

图 6-117　定义叶片

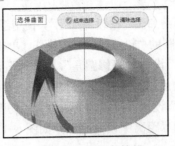

图 6-118　定义轮毂

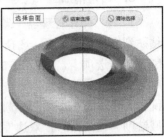

图 6-119　定义包覆叶片

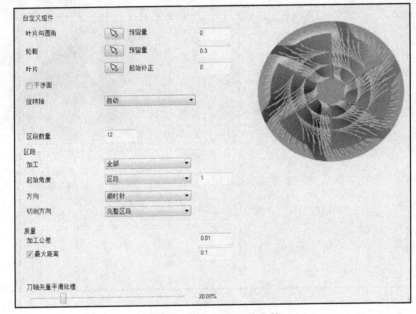

图 6-120　自定义组件参数

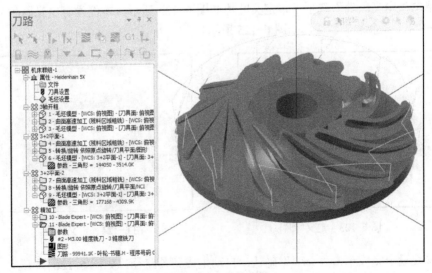

图 6-121　刀具路径

6. 圆角精加工（工序 10）

1）在"操作管理器"选择精加工"轮毂精加工"，使用组合键 Ctrl+C 和 Ctrl+V 进行操作，粘贴到操作群组里面，选择复制的"轮毂精加工"操作，单击"参数"，弹出对话框，单击"切削方式"选项卡，"加工方式"设为"精修圆角"，"外形"设为"完整（修剪后边缘）"，"排序方式的方式"设为"双向-由后边缘开始"、"排序"设为"由上而下"，"切削方向"设为"顺铣"，"叶片侧"的"区域铣削"设为"依照切削次数"，"切削次数"设为 3，"轮毂侧"的"区域铣削"设为：3，"双边"的"距离"设为 0.15，如图 6-122 所示。

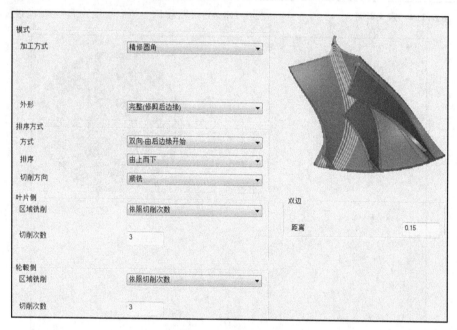

图 6-122　切削方式

2）单击"定义组件"选项卡，定义叶片如图 6-123 所示（本例没有定义圆角），定义轮毂如图 6-124，其余参数默认，如图 6-125 所示。

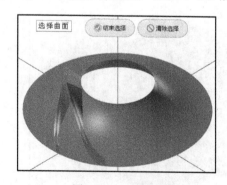

图 6-123　定义叶片

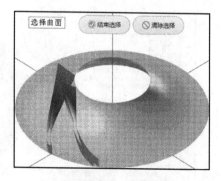

图 6-124　定义轮毂

3）参数设定完成单击"　✓　"确认，自动生成刀具路径，如图 6-126 所示。

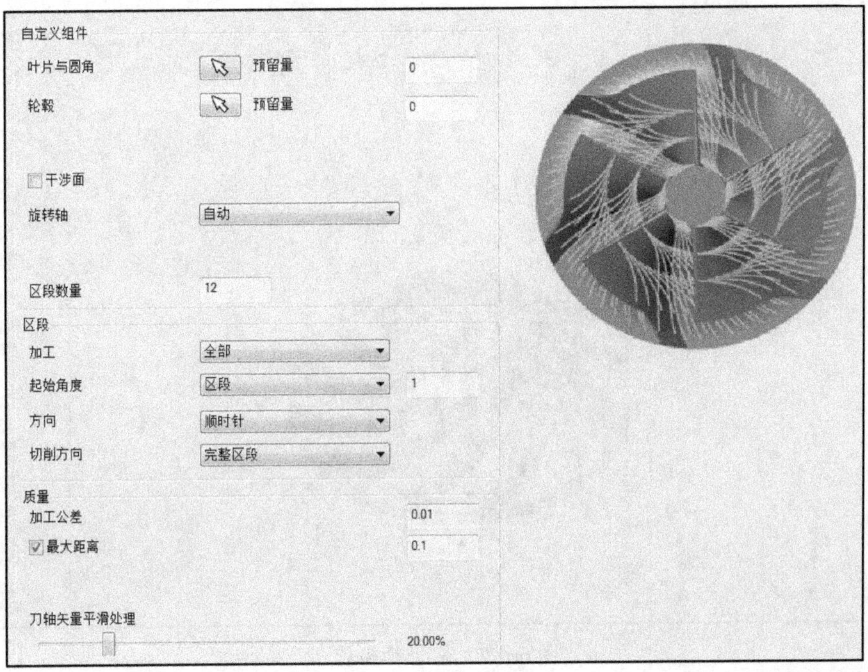

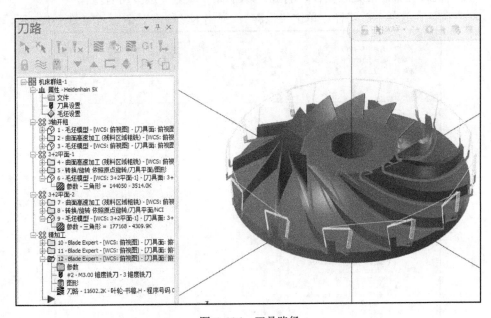

图 6-125　自定义组件参数

图 6-126　刀具路径

6.2.6　NC 仿真及后处理

1）在"操作管理器"中，单击图标"🔻"选择所有操作，单击验证图标"🔲"，弹出实体模拟仿真对话框，单击播放图标"▶"进行实体模拟仿真，结果如图 6-127 所示。

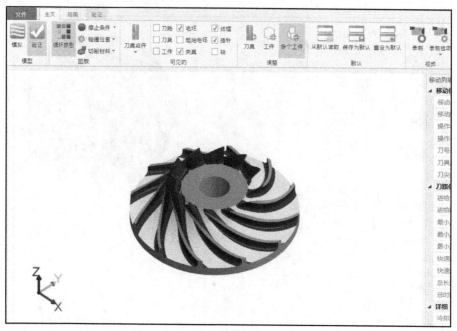

图 6-127　实体模拟仿真

2）使用机床自带的后处理文件，单击"刀路"→"🔍"选择所有操作→"G1"后处理
→"✅"确认，选择 NC 路径，单击"保存"，弹出 NC 程序对话框，如图 6-128 所示。

图 6-128　NC 程序

3）叶轮精加工程序生成后读者可以通过 VERICUT 进行模拟仿真，如图 6-129 所示。多
轴模拟仿真使用最多的软件是 VERICUT。

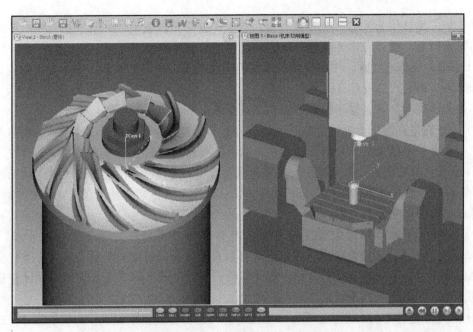

图 6-129　VERICUT 模拟仿真

4）编程完成后将所有操作工序确认无误后填写好程序单，交到 CNC 车间安排加工。（CNC 程序单模板见附录，仅供参考。）

6.2.7　工程师经验点评

通过叶轮的实例编程学习，并根据光盘提供的模型文件练习编程，深刻理解 3+2 定位和叶轮模块加工技巧。现总结如下：

1）流道开粗加工通常需分成若干层渐进开粗，五轴联动可使粗加工的各层厚度比较均匀，加工过程稳定；本例用了 3+2 加工方式，先按某一方向以三轴的方式开粗，完成后工件转动一个角度继续完成未加工到的区域。两种方法各有优缺点，五轴联动开粗后余量均匀，但刀轨的编写比较困难，主要是加工效率较低；3+2 开粗方法简单，加工效率较高，程序编写容易，但开粗后余量不均匀，需要半精加工让余量均匀，最后精加工。

2）刀具的使用方面，五轴联动加工中优先使用球头刀和圆角 R 刀加工，这样可以最大程度减少由刀具引起的过切和干涉；对于流道较窄的叶轮，在加工窄流道处时，可以适当选择锥度球头铣刀，可以有效地提高刀具的刚性。

3）叶轮的叶片薄，扭曲大，发生加工干涉的概率很高，还有就是要控制刀轴在运动过程中的突然变化，因为刀轴的突变带来的直接影响就是机床在加工过程中坐标轴方向的位移突然加大，甚至超出机床的运动极限，建议初学者使用 VERICUT 模拟仿真一下。

本 章 小 结

本章通过两个五轴的案例介绍了 Mastercam 2017 软件常规五轴加工程序编制的全过程，

五轴开粗加工建议优先考虑 3+2 定位开粗，精加工使用五轴联动，一般根据图样的要求满足客户的需求即可。读者在学习五轴程序编制过程中需要注意以下问题，供大家参考。

1）学习五轴编程之前，要对三轴加工编程非常熟悉，打好三轴加工基础是必需的，因为五轴加工很多时候用的就是 3+2 定位加工，不管是三轴加工还是五轴加工，加工工艺、夹具、刀具都是关键因素，有时程序编制出来了，但加工出来的产品不一定合格。

2）五轴机床系统绝大多数是海德汉和西门子，尤其是海德汉系统比例较多。在学习五轴编程前先去看看海德汉系统的编程说明书，熟悉海德汉系统指令格式等。

3）编写五轴程序时，绝大部分依赖辅助驱动曲面的构建，其中最重要的就是辅助曲面的建立，辅助曲面的质量直接影响刀路的质量；同时刀柄和零件装夹高度也是比较重要的环节，它们可以有效防止碰撞和过切。

4）五轴编程时刀轴的控制至关重要，经常要考虑刀路中刀轴与工件的干涉，使用 Mastercam 2017 进行五轴编程时，可以设置自动调整刀轴的前倾和侧倾角度，在可能出现的碰撞的区域按指定公差自动倾斜刀轴，避开碰撞；切过碰撞区域后又自动将刀轴调整回原来设定的角度，从而避免刀具和工件之间的碰撞。

5）后处理是将 CAM 软件生成的刀位轨迹转化为适合数控系统加工的 NC 程序，通过读取刀位文件，根据机床运动结构及控制指令格式，进行坐标运动变换和指令格式转换。建议初学者不要去研究后处理，等把五轴编程基础学习扎实了再去研究。

第7章

NC 后处理技巧

内 容

本章将介绍 Mastercam 2017 后处理概述、NCI 刀位文件、后处理常用设置技巧、定制 HM1000 卧式加工中心机床的后处理文件技巧。

目 的

通过本章的学习使用户对 Mastercam 2017 后处理有一个总体的认识，了解 Mastercam 后处理的基础知识、常用设置技巧并掌握 HM1000 卧式加工中心机床的后处理定制技巧。

7.1 Mastercam 2017 后处理概述

Mastercam 后处理组成如图 7-1 所示，Mp 编译器通过读取刀路和操作参数、刀具参数、机床定义参数、控制器定义参数、机床群组参数、各刀路的 NCI 文件、PST 文件后生成 NC 文件。

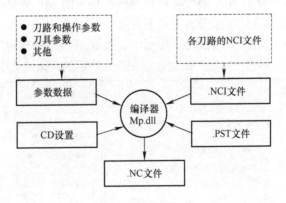

图 7-1 后处理组成

Mastercam 后处理参数文件包含刀路和操作参数、刀具参数、机床定义参数、控制器定义参数、机床群组参数。

1）刀路和操作参数数据：0～1999；10000～16999；40000 以上。

2）刀具参数数据：20000～29999。

3）机床定义参数数据：17000～17999。

4）控制器定义参数数据：18000～18999。

5）机床群组参数数据：19000～19999。

7.2 Mastercam 2017 NCI 刀位文件

Mastercam 2017 NCI 刀位文件由两行数值组成一组。每组中第一行为单个数值，称为 NCI Gcode，第二行为 NCI Gcode 的对应参数。例如快速移动的 NCI 组成如下：

0

0 2.11 2.22 2.33   −2 0

定义如下：

g（NCI Gcode）

1   2   3   4   5   6（共 6 个参数组成）

对应参数解释：

g   0 : NCI Gcode 代表快速移动

1   轮廓补偿

2   X 坐标

3   Y 坐标

4   Z 坐标

5   进给速率

6   路径标志位

后处理执行时将 NCI 参数值储存在对应的 MP 变量中，并执行一系列与 NCI 相关的预定义变量的计算，同时也执行与 NCI 相关的用户自定义变量的处理，相应的 NCI Gcode 将由 MP 编译器自动处理。所有的 NCI 参数将自动存储在相应的 MP 变量中供后处理块访问。详细的 NCI Gcode 定义及参数说明参考官方手册。

Mastercam 2017 NCI 刀位文件的查看，如图 7-2 所示。在"后处理程序"对话框中勾选"NCI 文件"和"编辑"选项，单击"　✓　"确定，在图 7-3 所示的代码编辑中查看 NCI 文件。

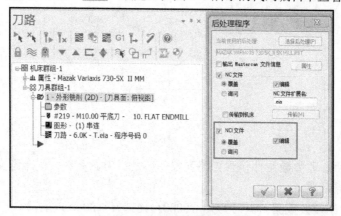

图 7-2   NCI 刀位文件的查看

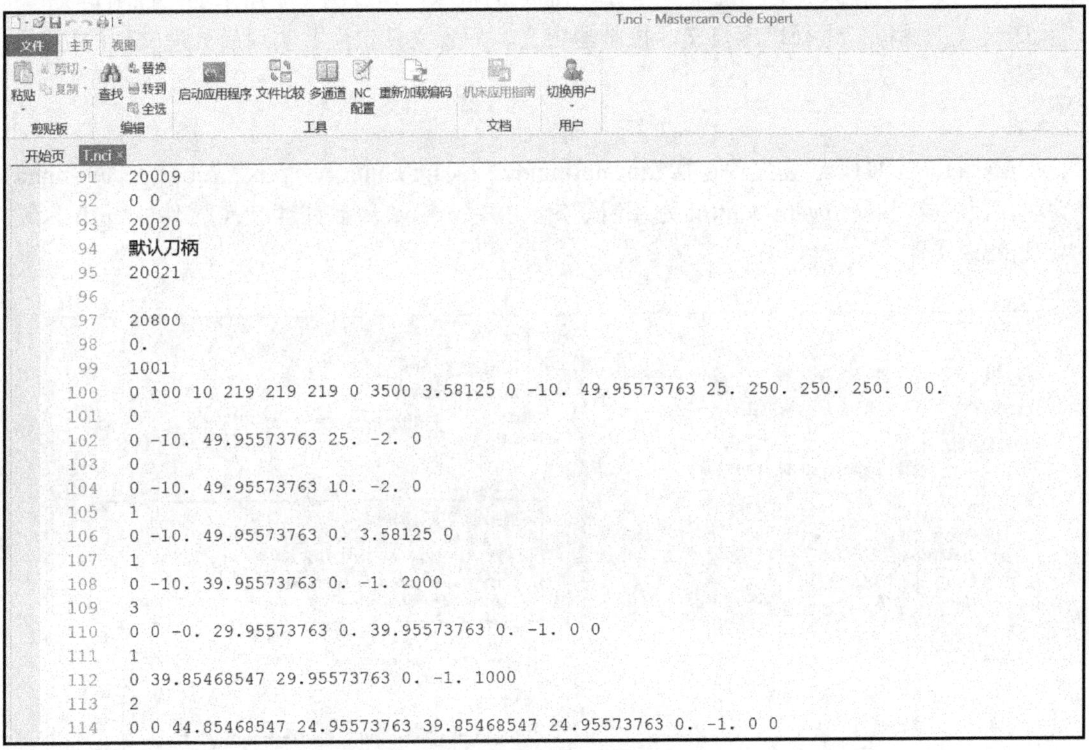

图 7-3　在代码编辑器中查看 NCI 文件

7.3　Mastercam 2017 后处理常用设置技巧

本节将介绍 Mastercam 2017 后处理常用设置技巧，内容包括更换后处理、多个坐标系输出、如何关闭默认后处理中的第四轴、刀具号换刀指令、回参考点处理、NC 文件中的注释行输出格式自定义、圆弧输出方式及格式定义、第四轴旋转方向及旋转范围设置等。

7.3.1　更换后处理

Mastercam 2017 后处理文件包含机床定义文件、控制器定义文件和后处理文件。更换后处理可以通过"机床群组属性"对话框来更换，也可以通过单击主菜单的"机床"→"管理列表"加载机床来更换。

如图 7-4 所示，在"操作管理器"中选择"刀路操作管理"，单击"机床群组-1"下的"文件"，弹出"机床群组属性"对话框，在"文件"选项卡的"机床-刀路复制"栏，通过"编辑"和"替换"来编辑和替换机床定义文件、控制器定义文件和后处理文件。

如图 7-5 所示，在主菜单中单击"机床"→"铣床"，在弹出选项中选择"管理列表"，弹出图 7-6 所示的"自定义机床菜单管理"对话框，单击"增加"或"移除"更换机床列表。

重复单击主菜单"机床"→"铣床",选择已加载的机床,通过图 7-7 所示的"控制定义"和
"机床定义"图标,进行机床定义、控制器定义、后置文件定义并实现后处理文件的更新、
更换操作。

说明:

Mastercam 2017 后置文件包括*.mcam-mmd、*.mcam-control、*.pst、*.psb。*.mcam-mmd
为机床定义文件,*.mcam-control 为控制器定义文件,*.pst 为后处理 PST 文件,*.psb 为后
处理 PSB 文件。

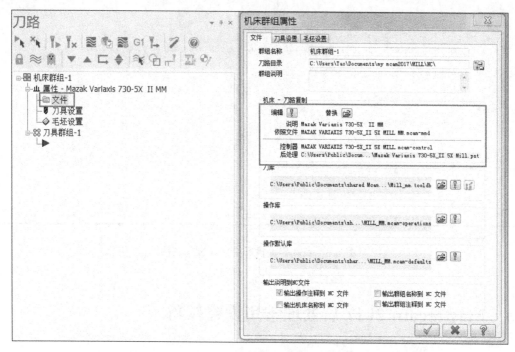

图 7-4　在"机床群组属性"对话框中更换后处理

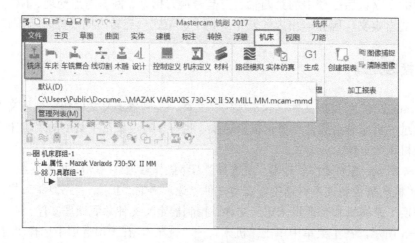

图 7-5　机床管理列表

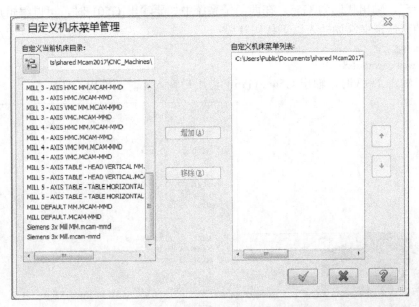

图 7-6　自定义机床菜单管理

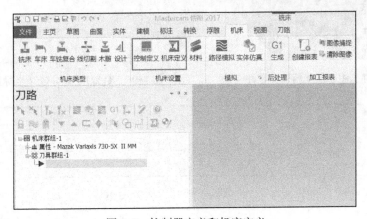

图 7-7　控制器定义和机床定义

7.3.2　多个坐标系输出

在多工位加工或多面体定面加工时，需要输出多个用户坐标系，例如图 7-8 所示卧式加工中心加工箱体类零件，为方便装夹及消除回转中心带来的误差，通常采用定面加工，采用一个平面一个坐标系的方式，输出的 NC 如图 7-9 所示，四个平面加工坐标系为 G54～G57。

在五面体龙门加工中心、四轴加工中心、卧式镗铣加工中心等设备，应用 Mastercam 软件编程时，多个坐标系设置如图 7-10 所示。"工作坐标系"通常设置为"TOP"（俯视图），"刀具平面"和"绘图面"通常设置为"FRONT"（前视图）。加工坐标系通常设置为自动，如手动填入数值 0 时输出 G54。加工坐标系填入的数值为整型数据，数值对应 MP 系统变量 workofs\$。图 7-11 所示坐标系输出后处理块定义，其中 g_wcs 为输出坐标系的变量，从后处理代码中可以看出，g_wcs=54+workofs\$，其中 workofs\$ 为用户手动输入的数值，如 workofs\$=1

时，g_wcs=55，输出代码为 G55。在西门子系统中如要输出 G501 时，可以编辑后置文件修改 g_wcs 的赋值定义，如插入以下代码片段：

if , workofs\$ < 4, g_wcs = workofs\$ + 54

else , g_wcs = workofs\$ + 501

当用户输入 1～3 时，输出 G54～G56；当用户输入 4 时，输出 G505。

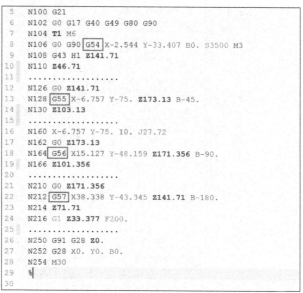

```
5    N100 G21
6    N102 G0 G17 G40 G49 G80 G90
7    N104 T1 M6
8    N106 G0 G90 G54 X-2.544 Y-33.407 B0. S3500 M3
9    N108 G43 H1 Z141.71
10   N110 Z46.71
11   .................
12   N126 G0 Z141.71
13   N128 G55 X-6.757 Y-75. Z173.13 B-45.
14   N130 Z103.13
15   .................
16   N160 X-6.757 Y-75. I0. J27.72
17   N162 G0 Z173.13
18   N164 G56 X15.127 Y-48.159 Z171.356 B-90.
19   N166 Z101.356
20   .................
21   N210 G0 Z171.356
22   N212 G57 X38.338 Y-43.345 Z141.71 B-180.
23   N214 Z71.71
24   N216 G1 Z33.377 F200.
25   .................
26   N250 G91 G28 Z0.
27   N252 G28 X0. Y0. B0.
28   N254 M30
29   %
30
```

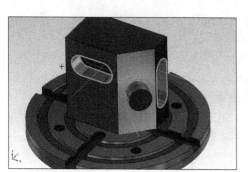

图 7-8　卧式加工中心加工箱体类零件　　　　图 7-9　NC 输出 G54~G57 坐标系

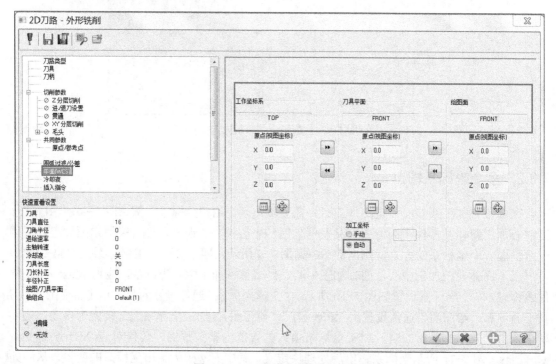

图 7-10　NC 输出多个坐标系设置

```
pwcs          #G54+ coordinate setting at toolchange
    if mi1$ > one,
    [
    sav_frc_wcs = force_wcs
    if sub_level$ > 0, force_wcs = zero
    if workofs$ <> prv_workofs$ | (force_wcs & toolchng),
        [
        if workofs$ < 6,
        [
        g_wcs = workofs$ + 54
        *g_wcs
        ]
        else,
        [
        p_wcs = workofs$ - five
        "G54.1", *p_wcs
        ]
        ]
    force_wcs = sav_frc_wcs
    !workofs$
    ]
```

图 7-11   坐标系输出后处理块定义

> **说明：**
>
> 　　图 7-11 既可以定义 G505 也可定义 G54.1 等方式。需要注意的是 mi1\$的赋值，仅当 mi1\$>1 才会输出。mi1\$为用户设置变量，在杂项参数对话框的"整型变量 1"的设置。

7.3.3　关闭默认后处理中的第四轴

　　Mastercam 2017 铣削模块中的默认机床为四轴机床，其控制器文件、机床定义文件、后处理文件名称分别为 DEFAULT. mcam-control、MILL DEFAULT MM. mcam-mmd、MPFAN.PST。

　　编辑后处理可以使用任何文本编辑器进行编辑，本节以 Windows 自带的文本编辑器为例打开 Mpfan.pst 文件。图 7-12 为在文本编辑器中修改文件。

　　按键盘 Ctrl+F 快捷键使用文本编辑器查找功能，在图 7-13 所示的"查找"对话框中，输入查找的内容"Rotary Axis Setting"，并去除"区分大小写"，单击"查找下一个"按钮并使用"向下"查找功能，直到光标定位到"Rotary Axis Setting"代码段。代码片段如下：

```
# -------------------------------------------------------------------
# Rotary Axis Settings
# -------------------------------------------------------------------

read_md      : no$      #Set rotary axis switches by reading Machine Definition?
vmc          : 1        #SET_BY_MD 0 = Horizontal Machine, 1 = Vertical Mill
rot_on_x     : 1        #SET_BY_MD Default Rotary Axis Orientation
                        #0 = Off, 1 = About X, 2 = About Y, 3 = About Z
rot_ccw_pos  : 0        #SET_BY_MD Axis signed dir, 0 = CW positive, 1 = CCW positive
index        : 0        #SET_BY_MD Use index positioning, 0 = Full Rotary, 1 = Index only
ctable       : 5        #SET_BY_MD Degrees for each index step with indexing spindle
```

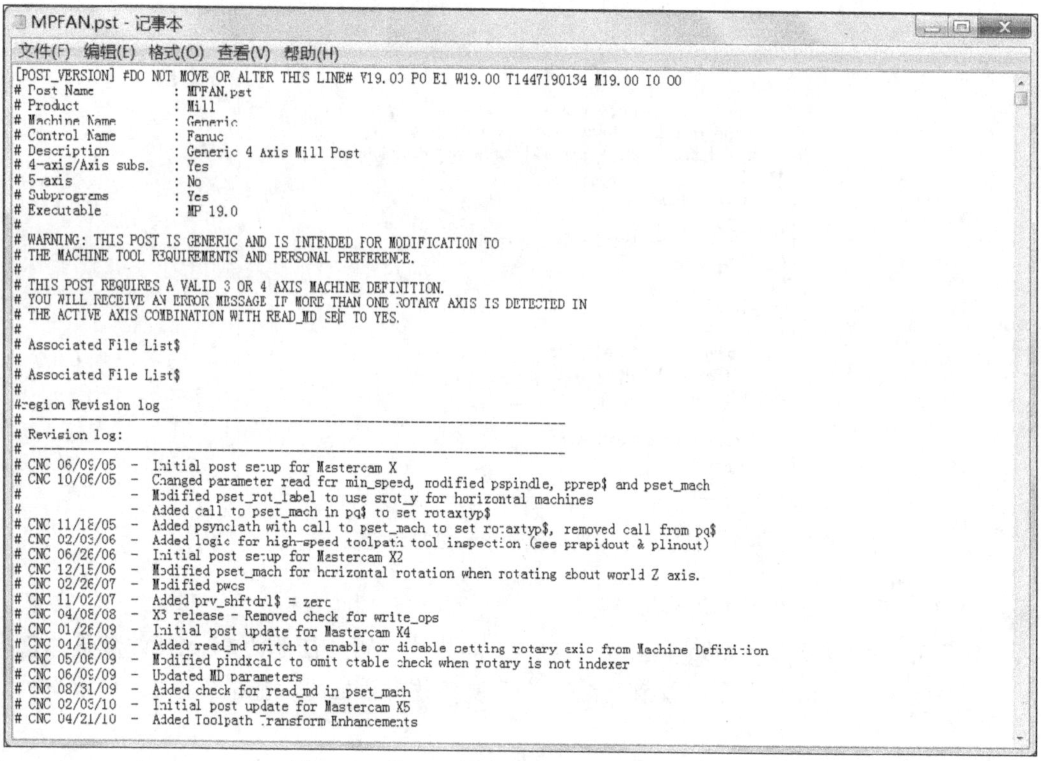

图 7-12　使用文本编辑器修改 Mpfan.pst 文件

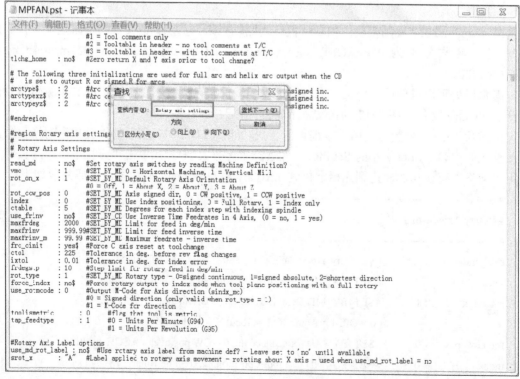

图 7-13　查找第四轴输出设置

在上述代码片段中，变量 rot_on_x 用于设置第四轴的旋转方向和关闭四轴的输出。

rot_on_x=0　　关闭第四轴的输出；

rot_on_x=1　　第四轴绕 X 轴旋转，通常输出 A 轴；

rot_on_x=2　　第四轴绕 Y 轴旋转，通常输出 B 轴；

rot_on_x=3　　第四轴绕 Z 轴旋转，通常输出 C 轴。

说明：

PST 文件中第四轴选项设置的生效还取决于 read_md 变量设置。read_md 变量用于设置是否读取机床定义文件中的设置。当 read_md=yes$时，MP 编译器会优先读取所有和机床定义设置相关的参数值。

7.3.4　刀具号、换刀指令、回参考点处理

不同的数控系统对 NC 代码需求不同，通常需要对刀具号、换刀指令、回参考点进行处理，本节以西门子三轴后置为例介绍刀具号、换刀指令、回参考的设置。

在西门子数控系统中，换刀指令有 T1 M6 和 T="Name" M6 两种方式，第一种方式为指定刀具号码交换刀具的格式，第二种方式为指定刀具名称交换刀具的格式。Mastercam 默认输出"T1 M6"换刀指令，如要输出 T="Name" M6 这种格式的代码，后处理修改过程如下：

图 7-14 为用文本编辑打开 Siemens 3x Mill.PST 文件。（注：Siemens 3x Mill.PST 默认安装路径在 C:\Users\Public\Documents\shared Mcam2017\mill\Posts，Siemens 3x Mill.PST 后置文件为 Mastercam 2017 中文版新增加的默认后置。）

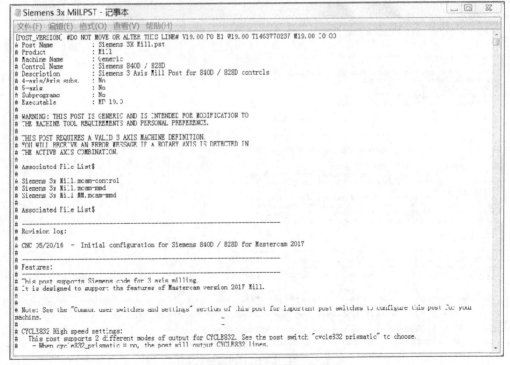

图 7-14　西门子三轴后处理

如图 7-15 所示,用文本编辑器中的查找功能,查找"tool_as_name"变量,将 tool_as_name 变量初始值由"no$"修改为"yes$"。Mastercam 系统变量 no$和 yes$定义为常量"0"和"1",这里也可以将 tool_as_name 变量直接初始化为"0"和"1"。当 tool_as_name 初始化为"yes$"时,输出 NC 代码片段如下,输出 NC 中第 N104 为 T="Name"格式 NC 代码。

```
;DATE=DD-MM-YY - 16-12-16 TIME=HH:MM - 13:29
;MCX FILE - T
;NC FILE - C:\USERS\TAO\DOCUMENTS\MY MCAM2017\MILL\NC\T.MPF
;MATERIAL - ALUMINUM MM - 2024
; T20 |      10. DRILL | H20
N100 G17 G54 G710 G90
N102 WORKPIECE(,"",,"BOX",112,0.,0.,-80,0.,0.,0.,0.)
MSG(" Op-1 ")
N104 T="     10. DRILL"
N106 M6
N108 G0 X-44.61905 Y29.92965 S1145 M3 D1
N110 Z25.
N112 MCALL CYCLE82(25.,0.,25.,0.,,0.,0,0,12)
N114 X-44.61905 Y29.92965 F50.
N116 MCALL
N118 M5
N120 SUPA G0 D0 Z0.
N122 M30
```

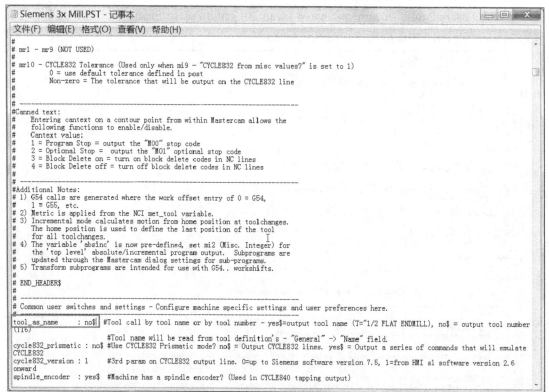

图 7-15　西门子换刀指令格式修改

西门子数控系统回参考点指令通常为 G53/G153/SUPA，Mastercam 2017 西门子三轴后置默认输出格式为 SUPA G0 D0 Z0，后处理代码片段如下：

```
pretract            #End of tool path, toolchange
        sav_absinc = absinc$
        absinc$ = one
        sav_coolant = coolant$
        coolant$ = zero
#       if nextop$ = 1003, #Uncomment this line to leave coolant on until eof unless
        [                       #Explicitely turned off through a canned text edit
        if all_cool_off,
          [
          #all coolant off with a single off code here
          if coolant_on, pbld, n$, sall_cool_off, e$
          coolant_on = zero
          ]
        else,
          [
          local_int = zero
          coolantx = zero
          while local_int < 20 & coolant_on > 0,
            [
            coolantx = and(2^local_int, coolant_on)
            local_int = local_int + one
            if coolantx > zero,
              [
              coolantx = local_int
              pbld, n$, scoolantx, e$
              ]
            coolantx = zero
            ]
          coolant_on = zero
          ]
        ]
        #cc_pos is reset in the toolchange here
        cc_pos$ = zero
        gcode$ = zero
        pbld, n$, sccomp, *sm05, psub_end_mny, e$
        #Deselect CYCLE832
        if cycle832_active,
          [
          deselect_cycle832 = yes$
          pcycle832
          ]
        pbld, n$, scoolant, e$
        if nextop$ = 1003 | tlchg_home,
          [
          sav_spc = spaces$
          spaces$ = 1    #Force space
          pbld, n$, "SUPA", *sgcode, "D0", "Z0.", e$
```

```
        spaces$ = sav_spc
        ]
    absinc$ = sav_absinc
    coolant$ = sav_coolant
```

在上述代码中，"pbld, n$, "SUPA", *sgcode, "D0", "Z0.", e$"为返回参考点输出，代码中并没有定义相关变量，而是采用直接输出字符串的方式输出"SUPA""D0""Z0"。通常很多设备回参考，Z 向的机械原点不为 Z0，假设是 Z-1 时，可以直接对上述代码中"Z0"部分修改为"Z-1"。有时还需要对 X 轴和 Y 轴进行回参考点输出，假设 X 轴回参考点的机械位置为 X-300，Y 轴回参考点的机械位置为 Y-200，可在上述代码中插入 X、Y 回参考点处理代码，代码片段如下：

```
    sav_spc = spaces$
        spaces$ = 1    #Force space
        pbld, n$, "SUPA", *sgcode, "D0", "Z0.", e$
        pbld, n$, "SUPA", *sgcode, "X-300.", e$
        pbld, n$, "SUPA", *sgcode, "Y-200.", e$
        spaces$ = sav_spc
        ]
    absinc$ = sav_absinc

    coolant$ = sav_coolant
```

插入上述代码后，后处理生成 NC 代码如图 7-16 所示，在第 N120 行之后增加了 N122 和 N124 行，增加了 X 轴、Y 轴回参考点输出，输出 NC 代码如下：

N120 SUPA G0 D0 Z0.
N122 SUPA G0 X-300.
N124 SUPA G0 Y-200.

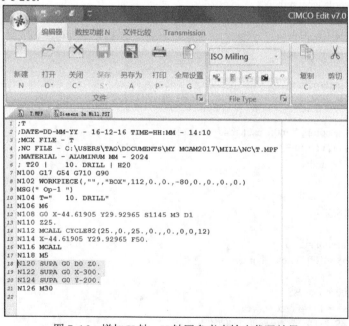

图 7-16　增加 X 轴、Y 轴回参考点输出代码结果

7.3.5　NC 文件中的注释行输出格式自定义

NC 文件中自定义注释行通常包括 NC 文件头信息、刀具信息和备注信息。NC 文件头信息通常包括文件创建日期时间、MCX 文件名、创建的 NC 文件路径、加工材料信息。刀具信息通常包括刀具号、刀具名称、刀具长度补偿号。本节以 Mastercam 默认机床中的 FANUC 数控系统为例说明相关的设置。

用文本编辑器打开 Mpfan.pst 后处理文件，用文本编辑器的"查找"功能查找"pheader$"，如图 7-17 所示在 pheader$后处理块中修改 NC 文件头输出。

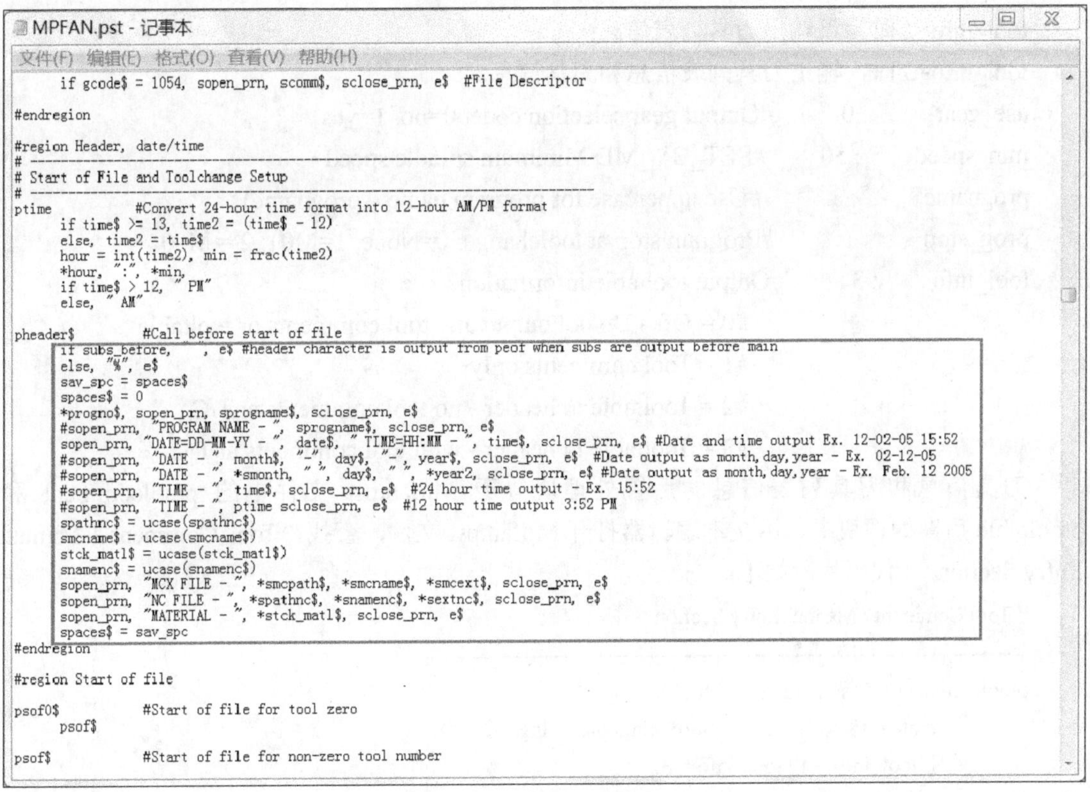

图 7-17　修改 NC 文件头输出

图 7-17 相关代码中，与 NC 文件头输出相关的代码解释如下：

sopen_prn, "DATE=DD-MM-YY - ", date$, " TIME=HH:MM - ", time$, sclose_prn, e$

#输出 NC 文件创建时间与日期，例如输出日期与时间样式为 12-02-05 15:52

*progno$, sopen_prn, sprogname$, sclose_prn, e$

#输出程序号

spathnc$ = ucase(spathnc$)

#获取 NC 文件创建的路径，并将返回的字符串转换成大写字母

sopen_prn, "MCX FILE - ", *smcpath$, *smcname$, *smcext$, sclose_prn, e$

#输出 MCX 文件名

sopen_prn, "NC FILE - ", *spathnc$, *snamenc$, *sextnc$, sclose_prn, e$

#输出 NC 文件路径

sopen_prn, "MATERIAL - ", *stck_matl$, sclose_prn, e$

#输出材料信息

用文本编辑器查找"tool_info"，将 tool_info 的初始化赋值由"2"改为"3"，代码片段如下。其中 tool_info 的初始化赋值定义为

tool_info=0 时，不输出刀具信息和刀具列表信息；

tool_info=1 时，仅输出刀具信息；

tool_info=2 时，仅输出刀具列表信息；

tool_info=3 时，输出刀具列表信息和刀具信息。

```
use_gear        : 0        #Output gear selection code, 0=no, 1=yes
min_speed       : 50       #SET_BY_MD Minimum spindle speed
progname$       : 1        #Use uppercase for program name (sprogname)
prog_stop       : 1        #Program stop at toolchange: 0=None, 1=M01, 2 = M00
tool_info       : 3        #Output tooltable information?
                           #0 = Off - Do not output any tool comments or tooltable
                           #1 = Tool comments only
                           #2 = Tooltable in header - no tool comments at T/C
                           #3 = Tooltable in header - with tool comments at T/C
```

刀具信息和刀具列表信息的后置处理块位于 Mpfan.pst 文件中的 ptoolcomment 和 ptooltable 后置处理块中，用文本编辑器打开 Mpfan.pst 文件，查找"Tool Comment / Manual Entry Section"，代码片段如下：

```
# Tool Comment / Manual Entry Section
# ---------------------------------------------------------------------------
ptoolcomment        #Comment for tool
        tnote = t$, toffnote = tloffno$, tlngnote = tlngno$
        if tool_info = 1 | tool_info = 3,
          sopen_prn, pstrtool, sdelimiter, *tnote, sdelimiter, *toffnote, sdelimiter, *tlngnote, sdelimiter,
          *tldia$, sclose_prn, e$
ptooltable          #Tooltable output
        sopen_prn, *t$, sdelimiter, pstrtool, sdelimiter, *tlngno$,
         [if comp_type > 0 & comp_type < 4, sdelimiter, *tloffno$, sdelimiter,
          *scomp_type, sdelimiter, *tldia$],
         [if xy_stock <> 0 | z_stock <> 0, sdelimiter, *xy_stock, sdelimiter, *z_stock],
         sclose_prn, e$
        xy_stock = 0  #Reset stock to leave values
        z_stock = 0    #Reset stock to leave values
```

上述代码中相关变量及 MP 系统变量含义解释见表 7-1。

表 7-1　变量含义解释

变　　量	解　　释
Sdelimiter	自定义字符变量，输出 "|"
Tnote	自定义变量，输出刀具号
Toffnote	自定义变量，输出刀具半径补偿
Tlngnote	自定义变量，输出刀具长度补偿
T$	MP 系统变量，刀号
tloffno$	MP 系统变量，刀具半径补偿
tlngno$	MP 系统变量，刀具长度补偿
tldia$	MP 系统变量，输出刀具直径
pstrtool	自定义后处理块，输出刀具名称

7.3.6　圆弧输出方式及格式定义

Mastercam 后处理对圆弧的输出方式及格式可自定义，可处理圆心输出方式为绝对坐标输出、IJK 输出、半径输出等，本节将以 Mpfan.pst 为例讲述相关设置。

CD 为机床控制器定义简写，打开图 7-18 控制器定义设置对话框，在"圆心方式"选项中可设置圆弧输出方式；"打断圆弧"选项中可设置打断圆弧方式；勾选"允许输出 360 度全圆"选项用于设置是否输出 360°全圆及允许输出 360°全圆的平面；"螺旋支持选项"用于设置输出螺旋平面；"圆弧公差检查"用于检查和过滤微小圆弧。

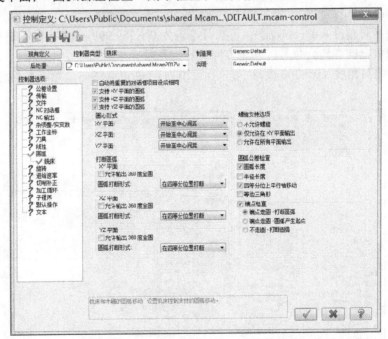

图 7-18　控制器定义中圆弧输出格式及相关选项设置

用文本编辑器打开 Mpfan.pst 文件，用查找功能查"arctype$"，代码片段如下：

```
# The following three initializations are used for full arc and helix arc output when the CD
# is set to output R or signed R for arcs
arctype$    : 2    #Arc center type XY plane 1=abs, 2=St-Ctr, 3=Ctr-St, 4=unsigned inc.
arctypexz$  : 2    #Arc center type XZ plane 1=abs, 2=St-Ctr, 3=Ctr-St, 4=unsigned inc.
```

arctypeyz$: 2   #Arc center type YZ plane 1=abs, 2=St-Ctr, 3=Ctr-St, 4=unsigned inc.

上述代码中，当控制器定义圆弧输出方式为 R，arctype$、arctypexz$、arctypeyz$用于定义输出无符号 R 的格式和输出带符号 R 的格式。

7.3.7　第四轴旋转方向及旋转范围设置

在四轴机床加工中，通常要设置第四轴的旋转类型和旋转范围，Mastercam 软件在机床定义中可以配置第四轴旋转方式、行程限制、旋转轴标号和旋转正方向、旋转轴的类型等，本节以 Mastercam 2017 自带的四轴机床后置 Mill 4 - AXIS VMC 为例说明相关设置。

如图 7-19 所示，打开"机床定义管理"对话框，在"机床配置"子窗口的树型列表中展开"TableGroup"组，双击"VMC A Axis"列表项目，弹出图 7-20 所示"机床组件管理-旋转轴"对话框。

"机床坐标"选项可以设置第四轴标号，可分别设置绝对坐标和增量坐标的标号。

"旋转轴"绕轴方式图片栏中，可设置旋转轴的绕轴方式，如绕+X 旋转通常定义为 A 轴，在"方向"单选按钮中可选择旋转轴的旋转方向，如点选"逆时针"，则定义逆时针为 A 的正方向。

"旋转轴"中心输入栏中，通常设置为 X0.0Y0.0Z0.0。

"行程限制"栏用于限定旋转轴行程，通常四轴机床限制为-9999999~+9999999。

"连续轴类型"设定旋转轴信号模式，通常有正负连续、正负方向绝对角度（0～360 度）、最短方向绝对角度（0～360 度）三种方式，对旋转轴的信号模式解释如下：

正负连续：可执行范围为-999999～+999999。

正负方向绝对角度（0～360 度）：可执行范围为 0～359.999999，换向时需要指定旋转方向的符号，朝负方向旋转为负号，朝正方向旋转为正号。

最短方向绝对角度（0～360 度）：可执行范围为 0～359.999999，始终按照最短路径旋转，无符号。

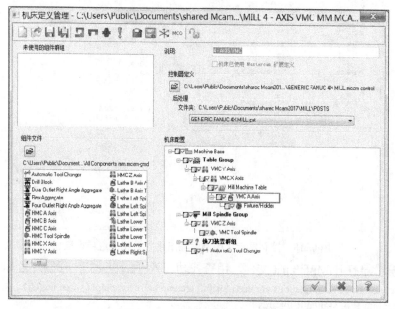

图 7-19　"机床定义管理"对话框

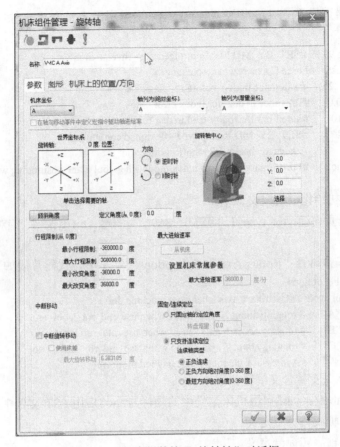

图 7-20 "机床组件管理-旋转轴"对话框

用文本编辑器打开 GENERIC FANUC 4X MILL.pst 文件，查找 "Rotary Axis Setting"，代码片段如下：

```
# -----------------------------------------------------------------------
# Rotary Axis Settings
# -----------------------------------------------------------------------
read_md      : no$    #Set rotary axis switches by reading Machine Definition?
vmc          : 1      #SET_BY_MD 0 = Horizontal Machine, 1 = Vertical Mill
rot_on_x     : 1      #SET_BY_MD Default Rotary Axis Orientation
                      #0 = Off, 1 = About X, 2 = About Y, 3 = About Z
rot_ccw_pos  : 0      #SET_BY_MD Axis signed dir, 0 = CW positive, 1 = CCW positive
index        : 0      #SET_BY_MD Use index positioning, 0 = Full Rotary, 1 = Index only
ctable       : 5      #SET_BY_MD Degrees for each index step with indexing spindle
```

上述代码中相关变量定义如下：

read_md ： 设定从机床定义中或者从 PST 文件中读取相关设置参数。

rot_on_x ： PST 文件中设置第四轴旋转方式，等于 1 时绕 X 轴旋转；等于 2 时绕 Y 轴旋转；等于 3 时绕 Z 轴旋转。

rot_ccw_pos：PST 文件设置旋转轴的旋转方向，等于 0 时旋转轴旋转方向为 CW；等于 1 时旋转轴旋转方向为 CCW。

用文本编辑器查找"rot_type"变量，rot_type 变量用于定义 PST 文件中旋转轴的类型，代码片段如下：

```
maxfrinv_m     : 99.99 #SET_BY_MD Maximum feedrate - inverse time
frc_cinit      : yes$   #Force C axis reset at toolchange
ctol           : 225    #Tolerance in deg. before rev flag changes
ixtol          : 0.01   #Tolerance in deg. for index error
frdegstp       : 10     #Step limit for rotary feed in deg/min
rot_type       : 1      #SET_BY_MD Rotary type - 0=signed continuous,
                           1=signed absolute, 2=shortest direction
force_index    : no$    #Force rotary output to index mode when tool plane positioning with a full rotary
```

rot_type 变量初始化赋值定义如下：

rot_type=0, 正负连续; rot_type=1, 绝对 0～360° 有符号; rot_type=2, 绝对最短 0～360° 无符号。

继续用文本编辑器查"Rotary Axis Label options"字符串，代码片段如下：

```
#Rotary Axis Label options
use_md_rot_label : no$   #Use rotary axis label from machine def
srot_x           : "A"   # rotating about X axis - used when use_md_rot_label = no
srot_y           : "B"   # rotating about Y axis - used when use_md_rot_label = no
srot_z           : "C"   # rotating about Z axis - used when use_md_rot_label = no
sminus           : "-"   #Address for the rotary axis (signed motion)
```

上述代码中相关变量含义解释如下：

use_md_rot_label：yes$启用机床定义中的轴标号, no$启用 PST 文件中定义的轴标号。

srot_x：绕 X 轴旋转标号定义。

srot_y：绕 Y 轴旋转标号定义。

srot_z：绕 Z 轴旋转标号定义。

7.4 定制 HM1000 卧式加工中心机床的后处理文件技巧

HM1000 卧式加工中心为韩国斗山公司生产的工作台面为 1000mm×1000mm 的卧式加工中心，数控系统为 FANUC18i-MB 控制器，其参数见表 7-2。

表 7-2 HM1000 卧式加工中心规格参数

项　目		HM 1000
X/Y/Z 轴行程距离		2100 mm/1250 mm/1250mm
托盘尺寸		1000mm×1000mm
托盘（或工作台）载荷		3000kg
主轴电动机功率（30min）		26 kW
主轴最高转速		6000 r/min
刀柄形式		MAS403 BT50
X/Y/Z 轴快速移动		24 m/min /24 m/min /24 m/min
进给速度		12000 mm/min
刀库容量	把	60 /90/120/196

本节将以 Mastercam 2017 自带的 Mill-4x HMC MM 机床为模板，介绍 HM1000 卧式加工中心机床后处理文件的制作。Mill-4x HMC MM 机床默认关联的 PST 文件为 GENERIC FANUC 4X MILL.pst 文件。

> **说明：**
>
> 选择合适的模板文件非常重要。合适的模板文件可以大幅降低后处理的编辑工作量，也可降低出错的概率。FANUC 4X Mill.PST 文件可以作为 FANUC 18i-MB 控制器的卧式加工中心机床后处理的模板文件，也可作为其他带第四轴的立式加工中心、卧式镗铣加工中心后处理的模板文件。

HM1000 卧式加工中心机床的后置制作步骤：

1) 创建机床文件、控制器文件、PST 文件。

2) 修改机床定义。

3) 修改控制器定义。

4) 修改与编辑 PST 文件。

步骤 1：创建机床文件、控制器定义文件、PST 文件

如图 7-21 所示，在"机床"菜单中选择"铣床"，加载"Mill-4x HMC MM"机床后选择"机床定义"，弹出图 7-22 所示"机床定义管理"对话框。

在图 7-22 所示对话框中①处，修改"说明"的"4-AXIS HMC"为"HM1000-FANUC-4 AXIS HMC"，单击②处编辑控制定义图标，弹出图 7-23 所示"控制定义"对话框，单击另存为图标，选择另存文件的路径并输入文件名为"HM1000 FANUC 4X MILL.mcam-control"。

单击"后处理"按钮，弹出"控制定义自定义后处理编辑列表"对话框，单击"删除文件"，删除原先关联的后处理文件，再选择"增加文件"，在弹出的文件选择对话框中将"GENERIC FANUC 4X MILL.pst"文件创建副本并重新命名为"HM1000 FANUC 4X MILL.pst"，选择"HM1000 FANUC 4X MILL.pst"文件并将它增加到图 7-24 所示的对话框列表中，单击保存图标，选择"✓"确定，退出"控制定义"对话框，返回"机床定义管理"对话框。在图 7-22 所示的"机床定义管理"对话框中，单击③处另存为图标，弹出另存路径选择对话框，在另存为文件名输入栏中输入"HM1000 MILL 4 - AXIS HMC.mcam-mmd"，单击"✓"确定，退出"控制定义"对话框，完成步骤 1 创建机床文件、控制器定义文件、PST 文件。

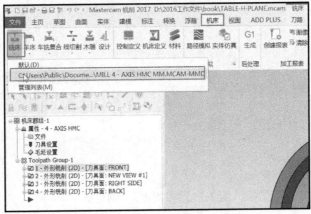

图 7-21　加载 Mill-4x HMC MM 机床

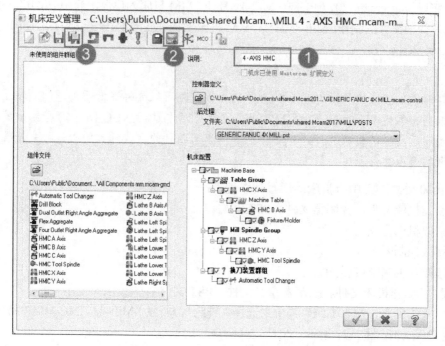

图 7-22 "机床定义管理"对话框

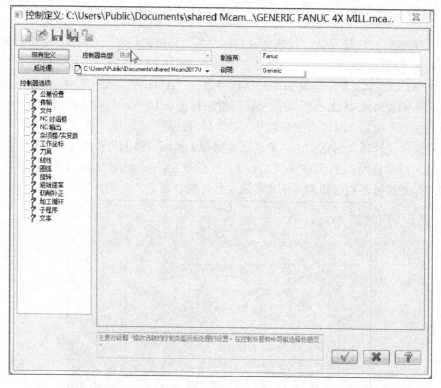

图 7-23 "控制定义"对话框

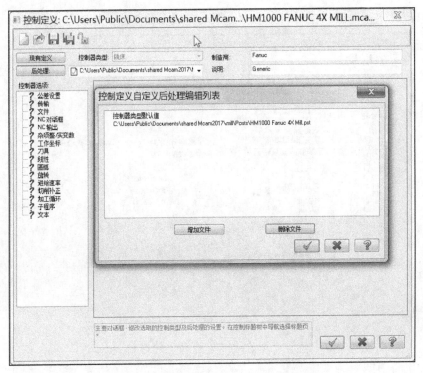

图 7-24　编辑控制器定义中的后置文件列表

步骤 2：修改机床定义

加载 HM1000 MILL 4 - AXIS HMC 机床，单击机床定义图标，在"机床定义管理"对话框的"机床配置"树型选项中双击"HMC B Axis"子项目，进入"旋转轴设置"对话框，修改"旋转轴类型"为"最短方向绝对角度（0～360 度）"，如图 7-25①处所示，保存修改设置，完成步骤 2。

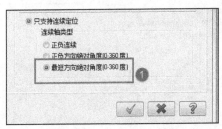

图 7-25　旋轴轴类型设置

步骤 3：修改控制器定义

打开"控制定义"对话框，选择"控制器选项"中"NC 输出"→"铣床"选项，如图 7-26 所示勾选"输出操作说明到 NC 文件"和"输出行号"。

选择"控制器选项"中"工作坐标系"→"铣床"选项，如图 7-27 所示选择"多个工作坐标系（G54E1）"。

选择"控制器选项"中"刀具"→"铣床"选项，勾选"启用预备刀具"

选择"控制器选项"中"圆弧"→"铣床"选项，在"圆弧公差检查选项"中勾选"半径长度""等边三角""圆弧长度""端点检查"。

保存修改设定，退出"控制定义"对话框，完成步骤3修改控制器定义。

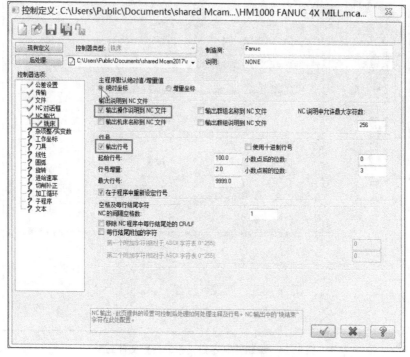

图 7-26 控制器定义中 NC 输出设置

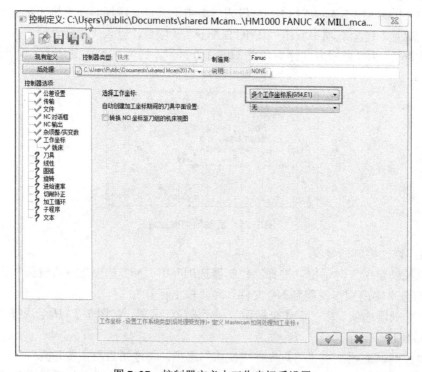

图 7-27 控制器定义中工作坐标系设置

步骤 4：修改与编辑 PST 文件

用文本编辑器打开 HM1000 Fanuc 4X Mill.pst 文件，查找 "pheader$"，关闭 "MCX、NC 文件路径名输出"，关闭 "材料信息输出"，修改编辑代码片段如下：

```
#sopen_prn, "MCX FILE - ", *smcpath$, *smcname$, *smcext$, sclose_prn, e$
#sopen_prn, "NC FILE - ", *spathnc$, *snamenc$, *sextnc$, sclose_prn, e$
#sopen_prn, "MATERIAL - ", *stck_matl$, sclose_prn, e$
```

用文本编辑器查找功能查找 "#region Retract at end of tool path, reference return"，在 pretract 后处理块中关闭 "XY 回参考点"，修改编辑代码片段如下：

```
#if nextop$ = 1003 | tlchg_home, pbld, n$, *sg28ref, "X0.", "Y0.", protretinc, e$
#else, pbld, n$, protretinc, e$
```

保存修改设定，完成步骤 4 PST 文件的修改与编辑。

附录　CNC 程序单

示意图		产品名称	
		产品编号	
		产品材质	
		产品尺寸	
		装夹方式	
		分中说明:	
		工件数量	
		编　程　员	
		日　　期	

NC 名称:　　　　　　　　　　　　　　　　　　　　工序:

序号	程序名	刀号	刀具规格	刀具伸出长度	刀补	余量	加工内容	备注
1								
2								
3								
4								
5								
6								

上机时间:　　　　　　　下机时间:　　　　　　　预计时间:　　　　　　　操作员:

参 考 文 献

[1] 李云龙，曹岩．Mastercam 9.1 数控加工实例精解[M]．北京：机械工业出版社，2004.